"十三五"普通高等教育规划教材

U0205706

无机化学实验指导

侯小娟　主编　苏安群　熊传武　副主编

化学工业出版社

·北京·

本书分为三个部分：第一部分绪论，简单介绍无机化学实验的目的、无机化学实验的学习方法与要求、实验室规则、实验室安全守则及事故处理、数据记录与处理；第二部分无机化学实验基本知识，包含无机化学实验常用仪器使用方法、无机化学实验常用技术；第三部分实验项目，包括10个精心选择的实验，有验证型实验、基本操作型实验、综合型实验和设计型实验。

本书可作为药学、检验、临床、护理、中药学、医学影像技术等专业的教材，也可供相关科技人员阅读参考。

图书在版编目（CIP）数据

无机化学实验指导/侯小娟主编. —北京：化学工业
出版社，2017.9（2024.8重印）

"十三五"普通高等教育规划教材

ISBN 978-7-122-30238-0

Ⅰ.①无…　Ⅱ.①侯…　Ⅲ.①无机化学-化学实
验-高等学校-教学参考资料　Ⅳ.①O61-33

中国版本图书馆 CIP 数据核字（2017）第 167143 号

责任编辑：朱　理　杨　菁　闫　敏　　　　　文字编辑：林　丹
责任校对：边　涛　　　　　　　　　　　　　装帧设计：张　辉

出版发行：化学工业出版社（北京市东城区青年湖南街 13 号　邮政编码 100011）
印　　装：涿州市般润文化传播有限公司
787mm×1092mm　1/16　印张 7¾　字数 117 千字　2024 年 8 月北京第 1 版第 5 次印刷

购书咨询：010-64518888　　　　　　售后服务：010-64518899
网　　址：http://www.cip.com.cn
凡购买本书，如有缺损质量问题，本社销售中心负责调换。

定　　价：26.00 元　　　　　　　　　　　　　版权所有　违者必究

前　言

　　无机化学实验是学习无机化学的重要环节。通过实验，不仅能使学生巩固和加深对无机化学基本理论和基本知识的理解，正确地掌握化学实验基本技能，而且还能培养学生严谨的科学态度、良好的分析问题和解决问题的能力。

　　本书是根据普通高等院校药学、检验、临床、护理、中药学、医学影像技术等专业《无机化学》实验教学大纲的要求，本着"适用、实用"的原则进行编写的。

　　本书包括三个部分：第一部分绪论，简单介绍无机化学实验的目的、无机化学实验的学习方法与要求、实验室规则、实验室安全守则及事故处理、数据记录与处理；第二部分无机化学实验基本知识，包含无机化学实验常用仪器使用方法、无机化学实验常用技术；第三部分实验项目，包括10个精心选择的实验，其中验证型实验1个（实验四），基本操作型实验3个（实验一、三、六），综合型实验5个（实验二、五、七、八、九），设计型实验1个（实验十）。

本书的特点如下：

1. 实验教材与实验报告合二为一。《无机化学实验指导》教材后附有无机化学实验报告，内含每个实验项目的预习报告和实验报告。其中，实验报告包括两部分，一部分是实验数据及结果处理、原始数据检查教师签名处；另一部分是思考题及实验报告批阅教师签名处。这样的编排有助于教师规范实验教学的三环节，即学生预习、实验过程、实验报告三个环节，每个环节都有据可查。

2. 注重基本操作技能的训练。通过这个实验体系中的不同实验反复训练需要熟练掌握的基本操作，训练由易及难，由简单到综合，层层递进，提升学生的基本操作技能，为后续课程实验教学打下坚实基础。

3. 综合设计型实验。培养学生充分运用学过的知识和实验方法，查阅有关资料，独立设计实验方法的能力。

本书由侯小娟担任主编，苏安群、熊传武担任副主编。参加本书编写工作的有：侯小娟（第一部分，第二部分），苏安群（第三部分实验九、十），熊传武（第三部分实验六、七），杨司坤（第三部分实验二、三），罗喜爱（第三部分实验四、五），朱萤（第三部分实验八），马俊（第三部分实验一、附录）。

由于编者水平有限，书中难免有不妥和疏漏之处，敬请读者批评指正。

编者

目　录

第一部分 绪 论

一、无机化学实验的目的

无机化学实验是学习和掌握无机化学知识和技能的重要环节，其目的是以实验为手段来研究无机化学的重要理论、典型元素及其化合物的变化。具体实验目的概括如下。

① 通过实验使学生获得关于元素及其化合物的感性认识，进一步验证、巩固和充实课堂上讲授的理论和概念，并适当地扩大知识面，从而对无机化学的基本理论、基本概念有更深入的了解。

② 通过严格的基本操作、基本技能训练，使学生正确掌握无机化学基本操作技能。学会正确使用一些常用仪器设备，学会观察现象，测定数据并加以正确的处理和概括。

③ 通过实验了解无机化合物的制备、分离、提纯和鉴定的方法。

④ 通过实验培养学生独立工作、独立思考的能力，培养学生的科学精神、创新思维和创新能力，为后续课程的学习打下良好基础。

⑤ 通过实验培养学生严肃的科学态度、严谨的工作作风和优良的科学素质以及分析问题、解决问题的独立工作能力，收集和处理化

学信息的能力，文字表达实验结果的能力以及团结协作的精神，使学生逐步掌握科学研究的方法，并树立勇于探索、敢于创新的科学态度。

二、无机化学实验的学习方法与要求

要达到上述目的，不仅要有端正的学习态度，还需要有正确的学习方法。做好化学实验必须做好如下几个环节。

（一）预习

为了获得实验的预期效果，实验前必须认真预习。预习应达到下列要求。

① 阅读实验教材和教科书中的有关内容。

② 明确实验的目的。

③ 了解实验原理、内容、步骤、操作方法和注意事项。

④ 写好预习报告。

（二）实验

学生应遵守实验室规则，接受教师指导，根据实验教材上所规定的方法、步骤进行操作，并应做到下列几点。

① 认真操作，细心观察，把观察到的现象或实验数据如实地详细记录在实验报告中。

② 如果发现实验现象和理论不符合，应认真检查其原因，并细心地重做实验。

③ 实验中遇到疑难问题时，自己要多思考，必要时请教老师。

④ 在实验过程中应该保持安静，严格遵守实验室工作规则。

（三）书写实验报告

做完实验后，应解释实验现象，并得出结论，或根据实验数据进行处理和计算，独立完成实验报告。实验报告书写时，应简明扼要，数据可靠，格式正确，图表清晰，字体工整，严禁抄袭。

三、实验室规则

① 实验前必须认真预习，明确实验的目的要求，弄清有关基本原理、操作步骤、方法以及安全注意事项，做到心中有数，有计划地进行实验。

② 进入实验室必须穿工作服。二人一组，在实验过程中应保持安静，做到认真操作，细致观察，积极思考，并及时、如实记录实验现象和实验数据。

③ 爱护国家财产，小心使用仪器和设备，节约药品和水、电。

④ 实验台上的仪器应整齐地放在一定的位置，并保持台面的整洁。不得将废纸、火柴梗、破损玻璃仪器等丢入水槽，以免堵塞。

⑤ 使用精密仪器时，必须严格按照操作规程进行操作。如发现仪器有异常，应立即停止使用并报告实验老师，及时排除故障。

⑥ 实验后，应将所用仪器洗净并整齐地放回实验台上。如有损坏，必须及时登记补领。由实验老师检查后，方可离开实验室。

⑦ 做完实验后，应根据原始记录，联系理论知识，认真处理数据，分析问题，写出实验报告，按时交指导老师批阅。

⑧ 每次实验后，由学生轮流值日，负责打扫和整理实验室，并检查水、电开关及门、窗是否关紧，以保持实验室的整洁和安全。

四、实验室安全守则及事故处理

化学实验中常常会接触到易燃、易爆、有毒、有腐蚀性的化学药品，有的化学反应还具有危险性，且经常使用水、电和各种加热灯具（酒精灯、酒精喷灯和煤气灯等）。因此，在进行化学实验时，必须在思想上充分重视安全问题。实验前充分了解有关安全注意事项，实验过程中严格遵守操作规程，以避免事故发生。

（一）安全守则

① 凡产生刺激性的、恶臭的、有毒的气体（如 Cl_2、Br_2、HF、H_2S、SO_2、NO_2 等）的实验，应在通风橱内（或通风处）进行。

② 浓酸浓碱具有强腐蚀性，使用时要小心，切勿溅在衣服、皮肤及眼睛上。稀释浓硫酸时，应将浓硫酸慢慢倒入水中并搅拌，而不能将水倒入浓硫酸中。

③ 有毒药品（如重铬酸钾、铅盐、钡盐、砷的化合物、汞的化合物，特别是氰化物）不能进入口内或接触伤口。也不能将其随便倒入下水道，应按教师要求倒入指定容器内。

④ 加热试管时，不能将管口朝向自己或别人，也不能俯视正在加热的液体，以防液体溅出伤人。

⑤ 不允许用手直接取用固体药品。嗅闻气体时，鼻子不能直接对着瓶口或试管口，而应用手轻轻将少量气体扇向自己的鼻孔。

⑥ 使用酒精灯，应随用随点，不用时盖上灯罩。严禁用燃着的酒精灯点燃其他的酒精灯，以免酒精流出而失火。

⑦ 使用易燃、易爆药品，应严格遵守操作规程，远离明火。绝对不允许擅自随意混合各种化学药品，以免发生意外事故。

⑧ 实验室内严禁吸烟、饮食。实验结束，水、电使用完毕应立即关闭，洗净双手，方可离开实验室。

（二）事故处理

如果在实验过程中发生了事故，可以采取以下救护措施。

① 当眼睛溅入腐蚀性药品时，应立即用大量流水冲洗，但注意水压不应太大，待药物充分洗净后再就医。当眼睛里进入碎玻璃或其他固体异物时，应闭上眼睛不要转动，立即到医务室就医。

② 浓酸、浓碱洒在衣服或皮肤上时，应立即用大量水冲洗，再分别用2％碳酸氢钠溶液或2％醋酸溶液擦洗，用水冲洗后，外敷氧化锌软膏（或硼酸软膏）。

③ 不慎吸入煤气、溴蒸气、氯气、氯化氢、硫化氢等气体时，应立即到室外做深呼吸，呼吸新鲜空气。

④ 当烫伤时，在烫伤处抹上黄色的苦味酸溶液或烫伤膏，切勿用水冲洗。

⑤ 毒物误入口内，可将 5～10mL 稀硫酸铜溶液加入一杯温水中，内服后用食指伸入咽喉，促使呕吐，然后立即送医院治疗。

⑥ 人体触电时，应立即切断电源，或用非导体将电线从触电者身上移开。如有休克现象，应将触电者移到有新鲜空气处立即进行人工呼吸，并请医生到现场抢救。

⑦ 实验过程中万一发生着火，应立即切断电源，移走易燃物质等，防止火势蔓延。灭火要根据起火原因采用相应的方法。一般的小火可用湿布、石棉布覆盖燃烧物灭火。火势大时可使用泡沫灭火器。但电气设备引起的火灾，只能用四氯化碳灭火器灭火。实验人员衣服着火时，切勿乱跑，应赶快脱下衣服，用石棉布覆盖着火处，或者就地卧倒滚打，也可起到灭火的作用。火势较大，应立即报火警。

五、数据记录与处理

(一) 误差和有效数字

1. 误差

误差是测量值与真实值的差值，按其性质的不同，可以分为系统误差和偶然误差两大类。系统误差是由于某种固定因素的影响而引起的误差。当重复测定时其大小和方向不变。根据其来源不同，可分为方法误差、仪器和试剂误差及操作误差。偶然误差是由于一些尚未发现或无法控制的因素引起的误差，其大小、方向都不确定，完全由概率决定。

实验数据主要从准确度和精密度两方面评价。准确度是指测定值与真实值符合的程度，用误差来衡量。误差越小，表示测量结果的准确度越高。精密度指平行测定各次结果相接近的程度，反映了测量值重复性的大小，用偏差衡量。准确度高一定需要精密度高，但精密度高不一定准确度高。在消除系统误差的前提下，精密度高准确度也会高。

为了减小误差，提高实验结果的准确度和精密度，可以通过选择合适的实验方法、校准仪器、进行空白试验、对照试验等途径来有效地减小和消除系统误差。同时可以通过增加平行测定的次数来减小偶然误差。

2. 有效数字

（1）有效数字　有效数字指的是在实际工作中能测量到的数值，它的位数包括所有准确数字和最后一位可疑数字，反映了测量结果的准确度。

在有效数字的位数中，值得关注的是数字"0"。当"0"只表示小数点的位置时，不算作有效数字，如 0.356，0.0356 或 0.00356 这三个数值都只有三位有效数字。而在 38.10，3.000，2.030 等数据中，"0"则是有效数字，所以它们都是四位有效数字。但是在 12000m，13000g，就很难说 0 是有效数字或非有效数字，此时最好用指数表示，以 10 的方次前面的数字代表有效数字，如 12000 写为 1.2×10^4，则表示有效数字为两位；写为 1.20×10^4，则表示有效数字为三位；其余类推。

（2）有效数字的运算规则

① 记录测量数值时，只保留一位可疑数字。

② 当有效数字位数确定后，其余数字应一律弃去。舍弃办法：凡末位有效数字后边的第一位数字大于 5，则在其前一位上增加 1；小于 5 则弃去不计，等于 5 时，如前一位为奇数，则增加 1，如前一位为偶数，则弃去不计。例如，对 21.0248 取四位有效数字时，结果为 21.02，取五位有效数字时，结果为 21.025，但将 21.025 与 21.035 取四位有效数字时，则分别为 21.02 与 21.04。

③ 计算有效数字时，若第一位有效数字等于 8 或大于 8，则有效数字位数可多计一位。例如 9.13，实际上虽只三位，但在计算有效数字时，可作四位计算。因此 $9.13 \div 9.13 = 1.000$，而不是 1。

④ 在加减计算中，各数所保留的小数点后的位数，应与所给各数中小数点后位数最小的相同。例如将 13.65，0.0082，1.632 三个数目相加应写为：

$$13.65 + 0.01 + 1.63 = 15.29$$

⑤ 在乘除法中，各数保留的位数，以百分误差最大或有效数字位数最小的为标准。例如在 $0.0121 \times 25.64 \times 1.05782$ 中

第一个数的有效数字三位，百分误差为 $\dfrac{1}{121} \times 100 = 0.8$

第二个数的有效数字四位，百分误差为 $\dfrac{1}{2564} \times 100 = 0.04$

第三个数的有效数字六位，百分误差为 $\dfrac{1}{105782} \times 100 = 0.00009$

因第一个数的百分误差最大（或有效数字位数最少），故应以此数值为标准，确定其他数值的有效数字位数，由此得

$$0.0121 \times 25.6 \times 1.06 = 0.328 \text{（取三位有效数字）}$$

⑥ 对 pH、pM、lgK 等对数，其有效数字的位数只取决于小数部分数字位数，因为整数部分只代表原值 10 的方次部分，例如 pH＝7.00，有效数字是 2 位，而不是 3 位，其原值为 $[H^+] = 1.0 \times 10^{-7}$，就是两位有效数字。

（二）数据记录

1. 正确记录测量数据

当用感量为百分之一克的台秤称物体的质量时，由于仪器本身能准确到 $\pm 0.01 g$，所以物体的质量如果是 10.5g，就应该写成 10.50g，不能写成 10.5g。

2. 正确地表示实验结果

如测定煤中含硫量时，称样 2.5g，两次测得结果（S 含量）甲为 0.042% 和 0.041%；乙为 0.04201% 和 0.04199%，应采用哪种结果？

$$\frac{\pm 0.001}{0.042} \times 100\% = \pm 2\%$$

$$\frac{\pm 0.00001}{0.04201} \times 100\% = \pm 0.02\%$$

而称样的准确度为：$\dfrac{\pm 0.1}{2.5} \times 100\% = \pm 4\%$

可以看出，甲的准确度与称样的准确度是一致的，而乙的准确度大大超过了称样的准确度，是没有意义的。所以应采用甲的结果。

第二部分　无机化学实验基本知识

一、无机化学实验常用玻璃仪器

无机化学实验常用玻璃仪器的规格、用途及注意事项见表 2-1。

表 2-1　无机化学实验常用玻璃仪器

仪　器	规　格	用　途	注意事项
烧杯	以容积表示,常用的有 50mL, 100mL, 150mL, 200mL, 500mL, 1000mL 等	用做反应物较多时的反应容器,或用于溶解、稀释等	加热时应放置在石棉网上,使受热均匀
试管　离心试管	普通试管以管外径(mm)×长度(mm)表示,一般有 12×150,15×100,30×200 等;离心试管以容积表示,一般有 5mL、10mL、15mL 等	普通试管用做少量试剂的反应容器;离心试管用于定性分析中的沉淀分离	可直接加热,硬质试管可加热至高温,加热后不能骤冷
锥形瓶	以容积表示,常用的有 50mL, 100mL,250mL,500mL,1000mL 等	用于滴定操作,便于振荡	加热时应放置在石棉网上,使受热均匀

仪　器	规　格	用　途	注意事项
量筒　　量杯	以容积表示,常用的有 5mL,10mL,50mL,100mL,1000mL 等	用于量取一定体积的液体	不能用做反应容器,不能用于溶解、稀释,不能加热
容量瓶	以容积表示,常用的有 50mL,100mL,500mL,1000mL 等	配制一定体积的溶液时用	不能加热,瓶塞是配套的,不能互换
吸量管　　移液管	以容积表示,常用的有 1mL,5mL,10mL,20mL,25mL,50mL 等	用于精确量取一定体积的液体	不能加热,管口上无"吹"字样的,使用时末端的残留液不能吹出
酸式滴定管　　碱式滴定管	以容积表示,常用的有 10mL,25mL,50mL 等,分酸式和碱式两种,通常用无色的,有时也用棕色的	用于滴定	酸式滴定管盛酸性溶液或氧化性溶液;碱式滴定管盛碱性溶液或还原性溶液;见光易分解的滴定液用棕色滴定管;不能加热

续表

仪　器	规　格	用　途	注意事项
滴瓶　细口瓶　广口瓶	以容积(mL)表示	广口瓶用于盛放固体药品,滴瓶、细口瓶用于盛放液体药品	不能加热;瓶塞不要互换;不能盛放碱液,以免腐蚀塞子
蒸发皿	以容积(mL)或口径(mm)大小表示	蒸发液体用	耐高温,但不宜骤冷
表面皿	以口径(mm)大小表示	盖在烧杯上,防止液体溅出或其他用	不能加热
漏斗　长颈漏斗	以口径(mm)大小表示	用于过滤	不能加热,过滤时液体不能超过其容积的2/3
点滴板	透明玻璃或瓷质,分黑釉和白釉两种,按凹穴的多少分为4穴、6穴、12穴等	用于少量试剂的反应;pH试纸测pH值时使用	不能加热,不能用于含氢氟酸溶液和浓碱溶液的反应

续表

仪　器	规　格	用　途	注意事项
 抽滤瓶和布氏漏斗	布氏漏斗为瓷质，以容量（mL）或口径（mm）大小表示；抽滤瓶为玻璃质，以容积（mL）表示	两者配套用于减压过滤	滤纸要略小于漏斗的内径；不能加热

二、常用玻璃仪器的洗涤与干燥

（一）玻璃仪器的洗涤

洗涤玻璃仪器的方法很多，应根据仪器上附着污物的性质、沾污的程度以及实验的要求来选择洗涤方法。

1. 冲洗法

如图 2-1，往仪器中加入少量（不超过容积 1/3）的水，用力振

试管的振荡　　　　　　　　　烧瓶的振荡

图 2-1　冲洗法

荡后把水倒出，如此反复数次。这主要是利用水把可溶性污物溶解而除去。

2. 刷洗法

如图 2-2，首先往玻璃仪器中注入少量水，要根据所洗玻璃仪器形状、大小选择适当的毛刷，确定手拿部位，然后将毛刷在盛水的仪器内转动或上下移动，但用力不要过猛，以防毛刷将仪器戳破。这是利用毛刷对器壁的摩擦使污物去除。

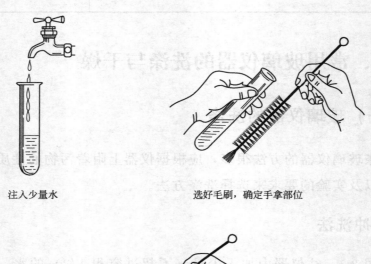

注入少量水　　　　　　　　选好毛刷，确定手拿部位

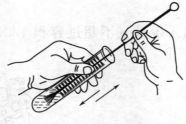

将毛刷上下移动

图 2-2　刷洗

3. 药剂洗涤法

带刻度的容量器皿（如移液管、滴定管），为了保证容积的准确

性，一般不宜用毛刷刷洗，而应选用适当的洗液来洗。

（1）洗涤剂　常用肥皂液和合成洗涤剂，以除去油污和一些有机污物。

（2）铬酸洗液　配制方法：称 10g 工业用 $K_2Cr_2O_7$ 置烧杯中，加入 30mL 热水，溶解后冷却，在搅拌下慢慢加入 170mL 浓 H_2SO_4，溶液呈暗红色，储存于细口玻璃瓶中备用。这是一种酸性很强的强氧化剂，可洗涤油脂及还原性污垢。

用铬酸洗液时，先往仪器内加入少量洗液（约为仪器总容量的 1/4），使仪器倾斜并慢慢转动，让其内壁全部被洗液润湿，多转动几圈后，把洗液倒回原瓶；也可将仪器浸泡于洗液中数分钟后取出，然后用自来水冲洗干净。

铬酸洗液具有很强的腐蚀性，使用时一定要注意安全，防止溅在皮肤和衣服上。

（3）其他洗涤液：用 6mol/L 硝酸可除去试管壁上的银或铜；用硫代硫酸钠可洗涤黏附于器壁上的难溶性银盐；装过碘液后的瓶子用 1mol/L 碘化钾处理；容器中的残留物是碱性的用稀盐酸洗，是酸性的用碱液洗。

总之，可充分应用已有的化学知识来处理实际问题。但无论用哪种方法洗涤玻璃仪器，最后都必须用自来水冲洗，必要时再用蒸馏水洗涤 2～3 次，洗涤后的玻璃仪器的内壁应不挂水珠。

（二）玻璃仪器的干燥

（1）晾干法　将洗干净的仪器倒置，使之自然晾干。

（2）加热法　此法常用于可加热或耐高温的仪器，如试管、烧杯、烧瓶等。加热时应将仪器外壁擦干。试管用试管夹夹住，管口倾斜向下，避免水珠倒流使试管炸裂，直接在酒精灯上用小火烤干。烧杯等则可置于石棉网上，然后用小火烤干。

如需要干燥较多的仪器时，可使用电热干燥箱烘干。

（3）有机溶剂干燥法 带有刻度的计量仪器不能使用加热的方法进行干燥。可以将洗净仪器中加入少量易挥发的有机溶剂（无水乙醇、丙酮或乙醚等），倾斜并转动仪器，使溶剂全部浸润器壁，然后倒出（应回收），少量残留溶剂会很快挥发而使仪器干燥。

三、加热及冷却方法

（一）加热

加热是化学实验最常用的操作之一。掌握和正确地选用加热方法，对完成化学实验是非常重要的。化学实验室常用的热源有煤气灯、酒精灯和电炉等。根据实际情况可选用以下几种加热的方式。

（1）空气浴 用空气作传热介质，对沸点在80℃以上的液体均可采用。实验室中常用的方法有石棉网上加热和电热套加热。其缺点是受热不均匀，不能用于回流低沸点易燃的液体或者减压蒸馏。

（2）水浴 用水作传热介质，适用于温度100℃以下的加热。将容器浸于水中，使水的液面高于容器内液面。

（3）油浴 用油作传热介质，加热范围为100～250℃。油浴所能达到的最高温度取决于所用油的品种，实验室常用的油有植物油（200℃）、液体石蜡（220℃）、白矿油（280℃）等。油浴优点是使反应物受热均匀，反应物的温度一般应低于油浴液20℃左右。但用油浴加热要注意安全，防止溅入水滴。

（4）砂浴 用砂作传热介质，温度可达350℃。其缺点是传热慢，散热快，不易控制。加热时，可使底部的砂薄一点，周围的砂厚一点，这样可使传热加快，散热减慢。

（5）盐浴 用硝酸钾、硝酸钠的混合物作传热介质，适用于

220～680℃之间的加热。盐浴时切勿溅入水，用过的盐冷却后应保存于干燥器中。

（二）冷却

冷却是化学实验要求在低温下进行时的一种常用方法，根据不同需要，可选用不同的冷却方法。一般情况下的冷却，可将盛有反应物的容器浸在冷水中；室温以下的冷却，0～5℃可选用冰或冰水混合物；0℃以下的冷却，可将碎冰和某些无机盐按一定比例混合作为冷却剂；干冰可冷却至－60℃以下；液氮可冷却至－196℃。应当注意，温度低于－38℃时，不能使用水银温度计，因为水银会凝固，应改用内装有机液体的低温温度计。表 2-2 是部分冰盐冷却剂及其冷却的最低温度。

表 2-2　部分冰盐冷却剂及其冷却的最低温度

盐　类	浓度/（g 盐/100g 水）	最低温度/℃
NH_4Cl	25	－15.4
$NaNO_3$	50	－17.7
$NaCl$	33	－21.3
$CaCl_2 \cdot 6H_2O$	100	－29
$CaCl_2 \cdot 6H_2O$	143	－55

四、化学试剂及其取用

（一）化学试剂的分类

化学试剂的种类很多，世界各国对化学试剂的分类和分级的标准不尽一致。我国的试剂规格基本上按纯度（杂质含量的多少）划分，共有高纯、光谱纯、基准、分光纯、优级纯、分析纯和化学纯 7 种。国家和主管部门颁布质量指标的主要有优级纯、分析纯和化学纯

3 种。

(1) 优级纯（GR） 又称一级品或保证试剂，纯度≥99.8%，这种试剂纯度最高，杂质含量最低，适合于重要精密的分析工作和科学研究工作，使用绿色瓶签。

(2) 分析纯（AR） 又称二级试剂，纯度≥99.7%，略次于优级纯，适合于重要分析及一般研究工作，使用红色瓶签。

(3) 化学纯（CP） 又称三级试剂，纯度≥99.5%，纯度与分析纯相差较大，适用于工矿、学校一般分析工作。使用蓝色（深蓝色）标签。

（二）试剂的取用

1. 固体试剂的取用

（1）用试剂匙取 固体试剂通常用干净的试剂匙取用，而且最好每种试剂专用一个试剂匙，否则用过的试剂匙须洗净擦干后才能再用，以免沾污试剂。

常用试剂匙有塑料匙和牛角匙，其两端分为大小两个匙。取大量试剂时用大匙，取小量试剂时用小匙，不要多取。试剂一旦取出，就不能再放回原瓶，可将多余的试剂放入指定的容器。试剂取出后，一定要把瓶塞盖严（注意：不要盖错盖子），并将试剂瓶放回原处。

（2）用台秤、分析天平称取 要求取用一定质量的固体时，可用台秤或分析天平称取。

2. 液体试剂的取用

（1）从小口试剂瓶中取用试剂 先取下瓶塞将其仰放在台面上，用左手持容器（如试管、量筒等），右手握住试剂瓶，试剂瓶上的标签向着手心（如果是双标签则要放两侧），倒出所需量的试剂。倾倒时，瓶口靠住容器壁，让液体缓缓流入，倒完后将瓶在容器上靠一下，再使瓶子竖直，这样可以避免遗留在瓶口的试剂沿瓶子外壁流下来。把液体从试剂瓶中倒入烧杯时，用右手握瓶，左手拿玻璃棒，使棒的下端斜靠在烧杯中，将试剂瓶口靠在玻璃棒上，使液体沿棒流入杯中。

（2）从滴瓶中取用试剂　先提起滴管至液面以上，再捏胶头排去滴管内空气，然后伸入滴瓶液体中，放松胶头吸入试剂，再提起滴管，捏胶头将试剂滴入容器中。取用试剂时，滴管须垂直。滴加试剂时，滴管应在盛接容器的正上方，不得将滴管触及盛接容器器壁，以免污染。

（3）定量取用液体试剂　如果需要取用一定体积的液体，可根据对体积准确度要求的不同选用量筒、移液管或吸量管。如果要求高，则须用移液管或吸量管量取。

（4）说明　取出的试剂绝对不允许再倒回原试剂瓶，可倒入指定容器。

五、容量仪器及其使用

（一）量筒的使用

量筒是化学实验室中最常用的度量液体体积的玻璃仪器，它是一种厚壁的有刻度的玻璃圆筒，刻度线旁标明溶液至该线的体积。其容积有 10mL、25mL、100mL、500mL、1000mL 等数种，在实验中应根据所取液体体积的大小来选用，如要取 8.0mL 液体时，最好选用 10mL 量筒，若用 100mL 量筒则误差较大；如果量取 80mL 液体，应选用 100mL 量筒，而不要用 50mL 或 10mL 及 500mL 的量筒。使用量筒时，首先要了解量筒的刻度值。在读取量筒刻度值时，将量筒放在桌面上，使视线与量筒内液体的凹液面最低处保持水平，然后读出量筒上的刻度值即可。注意量筒不能做反应器皿，不能装热的液体。

（二）移液管、吸量管的使用

移液管、吸量管是用来准确移取一定体积溶液的量器。

移液管（见图 2-3）是中间有一膨大部分的玻璃管，上端管颈有一条标线。吸量管（见图 2-4）是具有分刻度的直形玻璃管。

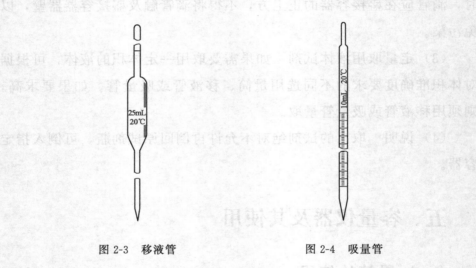

图 2-3　移液管　　　　　　　　图 2-4　吸量管

① 使用前，应观察移液管、吸量管的容积，寻查有无特殊标记，检查管尖、管口是否完好，如无破损，则依次用洗涤剂、自来水、蒸馏水洗涤干净，再用滤纸将管尖末端内外的水吸干，然后用待移取的溶液润洗 2～3 次，以确保浓度的准确。

② 移取溶液时，用右手的拇指和中指捏着移液管标线以上部分，管尖插入溶液液面下 1～2cm 处（伸入太浅，液面下降后容易造成吸空；但也不能伸入太深，以免管外壁黏附溶液过多），左手拿洗耳球，先把球中空气压出，再把球的尖端紧按在移液管管口处，慢慢松开压

扁的洗耳球使溶液吸入管中，当液面升至标线以上时，立即移去洗耳球，迅速用右手食指的指肚部位堵住移液管管口。

将洗耳球放下，左手拿起盛溶液的器皿，然后把移液管垂直提离液面，末端靠在容器内壁上，让视线与液面相平行，略微放开食指或用拇指和中指轻轻捻动管身，使液面缓慢下降，当溶液的最低处与标线相切时，立即用食指压紧管口，使液体不再流出，将移液管垂直插入适当倾斜的承接容器中，管尖靠触在容器内壁某处（见图 2-5）。松开食指让管内溶液自然的沿容器内壁流下。全部溶液流完后再等 15s 左右，取出移液管。

图 2-5　吸量管（移液管）的放液操作

注意：如移液管未标明"吹"字，则残留在管尖上的溶液不可吹出，因移液管标示的溶液中不包括这部分溶液。

（三）容量瓶的使用

容量瓶［见图 2-6(a)］是用来准确配制一定体积一定浓度溶液的量器，为细颈平底梨形，颈部有刻度线，瓶口配有磨口玻璃塞。

规格用刻度线以下的容积表示，有 1mL、2mL、5mL、10mL、

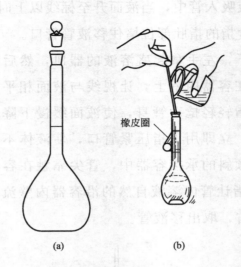

图 2-6　容量瓶及操作

25mL、50mL、100mL 等。

① 使用前应先检查是否漏水。方法如下：向瓶内加入自来水至标线附近，盖好瓶塞，将瓶外水珠擦拭干净，左手按压瓶塞，右手托住瓶底，然后将容量瓶倒置 2min，观察瓶塞处是否漏水；如不漏水，把塞子旋转 180°，塞紧，倒置 2min，再观察一次，仍不漏水，则按洗涤要求将容量瓶洗涤干净，最后用蒸馏水润洗 2～3 次才可使用。

② 配制溶液时，不可直接在容量瓶中溶解固体物质。应在烧杯中先将固体溶解（或将浓溶液稀释）放至室温后，才能沿玻璃棒把溶液转移至容量瓶中。

转移时，烧杯口要靠紧玻璃棒，玻璃棒的下端要靠触在容量瓶颈内壁某处，使溶液沿玻璃棒及瓶颈内壁缓缓流下［见图 2-6（b）］，切勿将溶液洒漏。溶液全部转移后，将烧杯沿玻璃棒往上提升，使附着在玻璃棒和烧杯嘴之间的液体流回烧杯中，再用少量蒸馏水洗涤烧杯和玻璃棒 2～3 次，每次的洗液按同样的操作转移至容量瓶中。

当溶液至容积的 2/3 左右时，将容量瓶按水平方向旋摇几次，作初步混匀（注意，不能倒置容量瓶）。继续加蒸馏水至离标线 1cm 左右时，改用胶头滴管，小心逐滴加水，直至溶液弯月面最低点与标线相切。最后盖紧瓶塞，用左手按压瓶塞，右手托住瓶底，将容量瓶倒转数次，并边倒转边摇动，使溶液充分混合均匀。

③ 磨口瓶塞与瓶体是配套的，不能互换。容量瓶不宜长时间存放溶液。

（四）滴定管的使用

滴定管有两种，一种是下端有玻璃活塞的酸式滴定管，另外一种是由下端填有玻璃珠的橡皮管代替活塞的碱式滴定管（见图 2-7）。

1. 滴定管的选择与处理

（1）滴定管的选择。若是用来盛放酸液、具有氧化性的溶液（如高锰酸钾溶液）则选用酸式滴定管；若用来盛放碱液，则选用碱式滴定管。

（2）检查是否漏水。经自来水洗涤后，应检查滴定管是否漏水。具体做法是：对于酸式滴定管，关闭活塞装水至"0"标线，直立约 2min，仔细观察是否

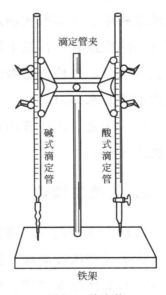

图 2-7　滴定管

有水珠滴下，然后转动活塞 180°，再直立 2min，观察有无水滴。对于碱式滴定管，装水后直立 2min，观察是否漏水即可。如发现漏水或酸式滴定管活塞转动不灵活的现象，酸式滴定管应将活塞拆下重涂

凡士林，碱式滴定管需要更换玻璃珠或橡皮管。活塞涂凡士林的方法是：将滴定管平放在台面上，取下活塞，用滤纸将活塞及活塞槽擦干净。用手指蘸少量凡士林，在活塞孔两边沿圆周涂一薄层，将活塞插入槽中，向同一方向转动活塞，直到外边观察全部透明为止。如果转动不灵活或出现纹路，表明涂得过少，若有凡士林从活塞隙缝中溢出，表明涂得过多，两者均须重新涂凡士林，然后再检查活塞是否漏水。

（3）洗涤。当滴定管无明显污染时，可直接用自来水冲洗。如果洗不干净的话，则可用洗液浸泡清洗。具体做法是：洗涤酸式滴定管时，应预先关闭活塞，倒入 5～10mL 洗液后，一手拿住滴定管上部无刻度部分，另一手拿住活塞下部无刻度部分，边转动边将管口倾斜，使洗液浸润全管内壁，然后将管竖起，打开活塞使洗液从下端放回洗液瓶中。洗涤碱式滴定管时，先去掉下端橡皮管，接上一小段塞有玻棒的橡皮管，再按上法洗涤。用肥皂或用洗液洗涤后都须用自来水充分洗涤，并检查是否洗涤干净。最后用蒸馏水洗涤 2～3 次，每次约用蒸馏水 5mL。

（4）润洗。滴定管用蒸馏水洗涤后，用待用溶液润洗 2～3 次，每次约 5mL。

2. 装液与读数

（1）装液及调零。将待装溶液加入滴定管中到刻度"0"以上，开启旋塞或挤压玻璃珠，把滴定管下端的气泡逐出，然后把管内液面的位置调节到刻度"0"。把滴定管下端的气泡逐出的方法如下：如果是酸式滴定管，可使滴定管倾斜（但不要使溶液流出），启开旋塞，气泡就容易被流出的溶液逐出；如果是碱式滴定管，可把橡皮管稍弯向上，然后挤压玻璃珠，气泡可被逐出。

（2）读数。读数应根据滴定管的具体情况确定，对于常量滴定管，一般应读至小数点后第二位。为了减少读数误差，应注意下述几个问题：a. 将滴定管夹在滴定管架上并保持垂直，把一个小烧杯放置在滴定管下方，按操作方法以左手轻轻打开酸式滴定管的活塞，使液面下降到 0.00mL，1min 左右以后检查液面有无变化，如无改变，则记下读数（初读数）。每次滴定前都应调节液面在"0"刻度，并检查管内有无气泡，滴定后观察管内壁是否挂有液珠，有无气泡等。b. 读数时，视线应与所读的液面处于同一水平面（图 2-8）。对于无色（或浅色）的溶液，应读取溶液弯液面最低点所对应的刻度；而对于弯月面看不清楚的有色溶液，可读液面两侧的最高点处，初读数和终读数必须按同一方法读取。对于乳白色底板蓝线衬背的滴定管，即使无色溶液也应读取两个弯月面相交的最尖部分（山尖），深色溶液还是读取液面两侧的最高点。c. 读数时，最好将滴定管从滴定管架上取下，移至与眼睛相平的位置再按上述方法读数。

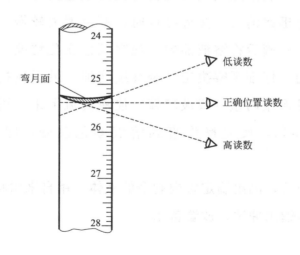

图 2-8　滴定管正确读数

3. 滴定操作

滴定前应先去掉滴定管尖端悬挂的残余液滴，读取初读数后，将滴定管尖端插入烧杯或锥形瓶内约 1cm 处，管口放在烧杯的左后方，但不要靠着杯壁（或锥形瓶颈壁）。使用酸式滴定管时，必须用左手拇指、食指和中指控制活塞，旋转活塞的同时应稍稍向里用力，以使玻璃塞始终保持与塞槽的密合，防止溶液泄漏。必须学会慢慢旋开活塞以控制溶液的流速。使用碱式滴定管时，必须用左手拇指、食指捏住橡皮管中的玻璃殊所在部位的稍上一些的位置，向右方挤橡皮管，使橡皮管与玻璃珠之间形成一条缝隙，使溶液流出。通过缝隙的大小控制溶液的流出速度。在滴定的同时，右手的拇指、食指和中指拿住锥形瓶瓶颈，沿同一方向按圆周摇动锥形瓶，使溶液在锥形瓶中作圆周运动（若利用烧杯滴定，可用玻璃棒顺着一个方向充分搅拌溶液，但勿使玻璃棒碰击杯底和杯壁）。特别要注意滴定速度，开始滴定时，滴定速度可稍快一些，但注意要成滴不成线。随着滴定反应的进行，滴落点周围出现暂时性的颜色变化，但随着锥形瓶的摇动，颜色迅速消失。接近终点时，颜色消失较慢。此时应该逐滴加入，每加一滴后将溶液摇匀，观察颜色变化情况，最后每次加半滴后即摇匀，仔细观察决定是否继续滴加。最后应控制使液滴悬而不落，用锥形瓶内壁（或玻璃棒）使液滴流下来，用洗瓶冲洗锥形瓶内壁，摇匀，反复操作直到溶液颜色改变，即可认为到达终点。

实验完毕后，倒出滴定管内剩余的液体，用自来水将滴定管冲洗干净，再用蒸馏水冲洗，放置备用。

六、物质的分离技术——固液分离

溶液与沉淀（或结晶）的分离方法一般有三种：倾析法、过滤法和离心分离法。

（一）倾析法

当沉淀的结晶颗粒较大且静置后能较快地沉降至容器的底部时，可以采用倾析法进行沉淀与溶液的分离。并根据需要对沉淀进行洗涤、再分离。

倾析法操作要点是：待沉淀沉降后，将沉淀上部的清液缓慢地倾入另一容器内，使沉淀与溶液分离。如需洗涤，可在转移完清液后，往盛沉淀的容器内加入少量蒸馏水，充分搅拌后，沉降，继续用倾析法进行沉淀与溶液的分离。如此重复操作 2～3 次，即可将沉淀洗净。

（二）过滤法

过滤法是将溶液与沉淀分离最常用的方法。过滤时，溶液与沉淀的混合物通过过滤器（如滤纸），沉淀留在过滤器上，溶液则通过过滤器进入承接的容器中，所得溶液称为滤液。

溶液的温度、黏度，过滤时的压力，过滤器孔隙的大小和沉淀物的性质都会影响过滤的速度。热溶液比冷溶液容易过滤，但一般说来温度升高，沉淀的溶解度也有所提高，可能会导致分离不完全。过滤速度还同溶液的黏度有关，一般来说黏度大，过滤慢。此外，还可以通过控制过滤器两边的压差来调节过滤速度（如减压过滤）。至于过滤器孔隙的大小应从两方面考虑：孔隙较大，过滤加快，但小颗粒的沉淀也会通过过滤器进入滤液；孔隙较小，沉淀的颗粒易被滞留在过滤器上，形成一层密实的固体层（滤饼），堵塞住过滤器的孔隙，使过滤速度减慢甚至难以进行。总之，选用不同的过滤方法，应考虑到相应的影响因素。化学实验中常用的过滤方法有常压过滤、热过滤和减压过滤三种。

1. 常压过滤法

在常压下用普通漏斗过滤的方法称为常压过滤法（装置参见图2-9），此法最为简便和常用。过滤器是玻璃漏斗和滤纸。当沉淀物为胶体或细微晶体时，用此法过滤较好，缺点是过滤速度较慢。

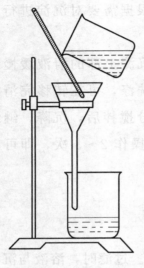

图 2-9　常压过滤装置

玻璃漏斗锥体的角度应为 60°，但也有略大一些的情况，使用时应注意校正。滤纸分为定性和定量两种。按照孔隙的大小，滤纸又可分为快速、中速和慢速三个类型，应根据实际需要加以选用。

过滤时，取圆形滤纸或四方形滤纸（要剪成圆形）一张，对折两次，折成四层，展开成圆锥形（一边为 3 层，一边为 1 层），锥顶朝下放入漏斗中应与 60°角的漏斗相贴合。如果漏斗不够标准，应适当改变所折滤纸的角度然后再展开成锥体。为确保滤纸与漏斗壁之间紧贴无空隙，可事先在三层滤纸的那一边，将外层撕去一小角。用食指把滤纸按在玻璃漏斗的内壁上，用少量蒸馏水润湿滤纸，使其贴紧。注意，滤纸的边缘应略低于漏斗的边缘。如果滤纸贴在漏斗上后，发现两者之间有气泡，应用手指（或玻棒）轻压滤纸，把气泡赶走，以免影响过滤速度。为了加快过滤速度，可在过滤溶液之前先作一个"水柱"，方法是用手指堵住漏斗下方，掀起滤纸，向滤纸与漏斗壁之间加水，使漏斗颈及锥体下端充满水，然后把滤纸按紧在壁上，再放开下面堵住出口的手指时，漏斗颈中的水仍能保留，此时"水柱"即告做成。在整个过滤过程中，漏斗颈一直被液体充满，这样就能加快过滤速度。

过滤时，应注意以下几点。

① 漏斗放在漏斗架上，并调整漏斗架的高度，使漏斗的出口靠在接受容器的内壁上，以便使溶液顺着容器壁流下，减少空气阻力，加速滤程，且防滤液溅出。

② 将溶液转移到漏斗中时，要采用倾析法。先倾倒溶液，后转移沉淀，这样就不会因为沉淀堵塞滤纸的孔隙而减慢过滤速度。

③ 转移溶液时，应使用玻璃棒，让溶液顺其缓缓倾入漏斗中，玻璃棒下端轻轻触在三层滤纸处，以免把单层滤纸捅破。

④ 过滤过程中，漏斗中的溶液不能太多，液面应低于滤纸上缘 3～5mm，以防过多的溶液沿滤纸和漏斗内壁的隙缝中流入接收器，失去滤纸的过滤作用。

2. 减压过滤法

减压过滤又称抽滤或真空过滤。减压可以加快过滤的速度，还可以把沉淀抽吸得比较干。颗粒很细小的沉淀会因为减压抽吸而在滤纸上形成一层密实的沉淀（滤饼），使溶液不易透过，达不到加速过滤的目的。因此对于结晶颗粒太小的沉淀，不适于用此法过滤。

减压过滤法使用的仪器有：布氏漏斗、抽（吸）滤瓶、真空泵（水泵）、安全瓶。减压过滤装置参见图 2-10。布氏漏斗（或称瓷孔漏斗）为瓷质过滤器，中间是具有许多小孔的瓷板，以便使溶液通过滤纸从小孔流出。布氏漏斗下端颈部装有橡皮塞，借之与吸滤瓶相连，胶塞的大小应和吸滤瓶的口径相吻合，橡皮塞塞进吸滤瓶颈内的部分以不超过整个塞子的 1/2 为宜。吸滤瓶用以承接过滤下来的滤液，其支管用橡胶管和安全瓶的短管连接，而安全瓶的长管则和水泵相连接。

安全瓶的作用是防止水泵中水产生溢流而倒灌入吸滤瓶中。因为

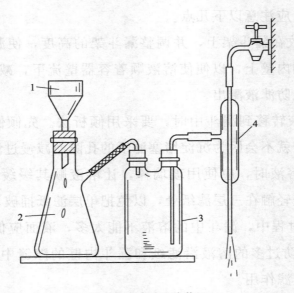

图 2-10 减压过滤装置

1—布氏漏斗；2—抽滤瓶；3—安全瓶；4—玻璃抽气管

水泵中的水压发生变动时，常会发生水溢流现象。例如减压过滤完成后关闭水龙头时，或者当水的流量突然加大而后又变小时，都会由于吸滤瓶内的压力低于外界压力而使自来水倒吸入吸滤瓶内，使过滤好的溶液受污染，造成过滤失败。如果将一个安全瓶装在吸滤瓶与水泵之间，一旦发生水的溢流，安全瓶就会起到缓冲作用。

必须注意，如果在抽滤装置中不用安全瓶，过滤完成后，应先拔掉连接吸滤瓶和水泵的橡胶管，再关水龙头，以防倒吸现象发生。

减压过滤的操作方法如下。

（1）剪滤纸。取一张大小适中的滤纸，在布氏漏斗上轻压一下，然后沿压痕内径剪成圆形。此滤纸放入漏斗中应平整无皱褶，且将漏斗的瓷孔全部盖严。注意，滤纸不能大于漏斗底面。

（2）将滤纸放在漏斗中，以少量蒸馏水润湿，然后把漏斗安装在抽滤瓶上（尽量塞紧），微开水龙头，减压使滤纸贴紧。

（3）以玻璃棒引流，将待过滤的溶液和沉淀逐步转移到漏斗中，加溶液速度不要太快，以免将滤纸冲起。随着溶液的加入，水龙头要开大。注意布氏漏斗中的溶液不得超过漏斗容积的 2/3。

（4）过滤完成（即不再有滤液滴出）时，先拔掉抽滤瓶侧口上的胶管，然后关掉水龙头。

（5）用手指或玻璃棒轻轻揭起滤纸的边缘，取出滤纸及其上面的沉淀物。滤液则由吸滤瓶的上口倾出。注意吸滤瓶的侧口只作连接减压装置用，不要从侧口倾倒滤液，以免弄脏溶液。

3. 热过滤法

为了防止某些溶液在过滤过程中析出晶体，通常使用热过滤法过滤。热过滤时，把玻璃漏斗放在铜质的热漏斗内，热漏斗内装有热水（注意不要加水过满，以免加热沸腾后溢出），用酒精灯加热热漏斗，以维持溶液的温度，保证过滤中不析出晶体。热过滤应选用短颈玻璃漏斗。

（三）离心分离法

少量溶液和沉淀物分离时，采用离心分离法，此法简便、快速。例如试管反应中，用一般的过滤法，沉淀粘在滤纸上难以取下，不便进一步实验。

将盛有沉淀和溶液的离心试管放在离心器内，使离心器高速旋转，沉淀受离心力的作用，向离心试管的底部移动且积集于管底，上方得到澄清的溶液。沉淀物的密度越大及沉淀物颗粒越大时，则固液分离越快。一般来说，当沉淀的密度小于 1 时，不能用离心分离法分离。

实验室常用的离心器是电动离心机（见图 2-11）。使用时将装有试样的离心试管放在离心器的套管中，为了使离心器旋转时保持平衡，几个离心试管要两两对称放置，如果只有一个试样，则在对称的位置上放一支离心试管，内装等量的水。此外，选择对称放置的离心试管时，应注意选取规格、重量相当的离心试管，以免整个体系重量不平衡。

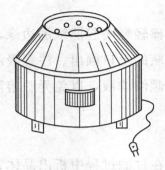

图 2-11　电动离心机

电动离心机的转动速度很快，使用时要注意安全。放好离心试管后，把盖子盖好。开始时把变速器放在最低挡，以后逐渐加速（一般转速适中即可，不必过高），离心 1～2min 后即可停止，也要注意逐级减速，最后关停，任其自然停止转动。切不可用手强制其停转，一是危险，二是易损坏离心机轴，三是突然停止转动会导致离心机振动，将沉淀物重新翻起。

离心沉降后，需将溶液和沉淀分离时，则用左手斜持离心试管，右手拿滴管，用手指捏紧滴管的橡皮头以排除其中的空气，然后轻轻地将滴管插入清液中（注意不可使滴管触及沉淀），这时慢慢减小手对橡皮头的挤压力量，清液即被吸入滴管中。随着离心试管中清液的减少，滴管逐渐下移，至全部清液被吸出并转移到接受器中为止。

（四）沉淀的洗涤

洗涤沉淀是为了洗去沉淀表面吸附的杂质和混杂在沉淀中的母液。洗涤时要尽量减少沉淀的溶解损失和避免形成胶体，因此需选择合适的洗液。选择洗液的原则是：对于溶解度很小而又不易形成胶体的沉淀，可用蒸馏水洗涤；对于溶解度较大的晶形沉淀，可用沉淀剂稀溶液洗涤，但沉淀剂必须在烘干或灼烧时易挥发或易分解除去，例如用 $(NH_4)_2C_2O_4$ 稀溶液洗涤 CaC_2O_4 沉淀；对于溶解度较小而又可能分散成胶体的沉淀，应用易挥发的电解质稀溶液洗涤，例如用 NH_4NO_3 稀溶液洗涤 $Al(OH)_3$ 沉淀。

用热洗液洗涤，则过滤较快，且能防止形成胶体，但溶解度随温度升高而增大较快的沉淀不能用热洗液洗涤。

洗涤必须连续进行，一次完成，不能将沉淀干涸放置太久，尤其是一些非晶型沉淀，放置凝聚后，不易洗净。

洗涤沉淀时，既要将沉淀洗净，又不能增加沉淀的溶解损失。用适当少的洗液，分多次洗涤，可以提高洗涤效果。

七、电子分析天平的使用方法

电子分析天平（图 2-12）是目前常用的一类天平，具有全自动故障检测，自动校准，超载保护等多种应用程序。

图 2-12　电子分析天平

（一）操作规程

① 检查天平是否水平，观察水平仪，如水平仪水泡偏移，调节水平调整脚，使水平位于水平仪中心。

② 打开两边侧门5～10min，使天平内外的湿度、温度平衡，避免因天平罩内外湿度、温度的差异引起示值变动。关好侧门。

③ 检查天平盘上是否清洁。如有灰尘应用毛刷扫净。

④ 开机预热稳定或校准后，显示称量模式"0.000"。

⑤ 将容器置于盘上，天平显示容器质量，按"TARE去皮"键后，显示"0.000"即已去皮。

⑥ 将称量物置于容器中，待数字稳定后读数。

⑦ 称量完毕，取出被称物，关好天平门，关闭显示器，盖上防尘罩，进行登记。

（二）使用注意事项

① 天平须小心使用，称盘和外壳经常用软布和牙膏轻轻擦洗，不可用强溶剂擦洗。

② 不要把过冷和过热的物品放在天平上称量，应待物体和天平室温度一致后进行称重。

③ 若较长时间不使用天平，应拔去电源线。

④ 称量完毕后，及时取出被称物品，并保持天平清洁。

⑤ 皮重和称物的质量和不得超过称量范围。

⑥ 若称量不准确，需要用标准砝码对天平校准。

⑦ 如需取下天平上的圆秤盘，请将秤盘按顺时针方向转动后取下，切勿将秤盘往上硬拔，以免损坏传感器。

八、PHS-3C 型酸度计的使用方法

(一) 概述

PHS-3C 型酸度计是数字显示精密台式酸度计。用于精密测量各种溶液的酸度（pH 值）；当配上相应的离子电极时，能测量多种相对应的离子浓度；可以用作电位滴定测量显示仪。其结构如图 2-13～图 2-15。

图 2-13　PHS-3C 型酸度计外观图

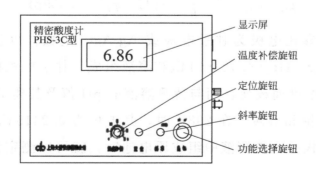

图 2-14　PHS-3C 型酸度计正面图

酸度计是利用指示电极、参比电极在不同 pH 值的溶液中产生不

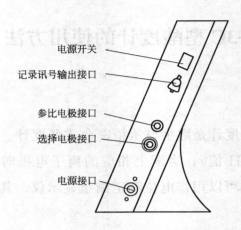

电源开关

记录讯号输出接口

参比电极接口

选择电极接口

电源接口

图 2-15　PHS-3C 型酸度计侧面图

同的电动势这一原理设计的。指示电极一般用玻璃电极，其底部是由导电玻璃吹制成的很薄的空心小球，球内装有 0.1mol/LHCl 溶液（或一定 pH 值的缓冲溶液）和 Ag-AgCl 电极，当电极插入待测溶液中时，便组成了原电池的一个极。由于玻璃膜对 H^+ 很敏感，当玻璃膜内外的 H^+ 浓度不同时就产生一定的电位，其数值大小取决于玻璃膜内外的 H^+ 浓度差，而玻璃膜内 H^+ 浓度是固定的，所以该电极的电位只随待测液 pH 值的不同而改变。

$$\varphi_G = \varphi_G^\ominus - \frac{2.303RT}{F}pH = \varphi_G^\ominus - 0.059pH \qquad (2\text{-}1)$$

常用的参比电极为甘汞电极或 Ag-AgCl 电极。以甘汞电极为例，它由 Hg、Hg_2Cl_2 及 KCl 饱和溶液组成，甘汞电极的电位仅随电极内 Cl^- 浓度而改变，而与待测溶液的 pH 值及其离子浓度无关。通常用 KCl 饱和溶液，在 298K 时，其电位为 0.2415V。将玻璃电极与甘汞电极插入待测液中组成原电池时，就可以测定该电池的电动势。

$$E = \varphi_正 - \varphi_负 = \varphi_{甘汞} - \varphi_G \qquad (2\text{-}2)$$

将式（2-1）代入得

$$pH = \frac{(E - \varphi_{甘} + \varphi_G^{\ominus})F}{2.303RT} \qquad (2\text{-}3)$$

298K 时
$$pH = \frac{E - 0.2415 + \varphi_G^{\ominus}}{0.059}$$

可以用一个已知 pH 值的缓冲溶液（对于醋酸，选用邻苯二甲酸氢钾溶液，在 298K 时 pH＝4.00）代替待测液而求得 $\varphi_G^{\ominus}$。

酸度计就是将测得的电池电动势直接用 pH 值表示出来，为此，仪器加装了定位调节器。当测量标准缓冲溶液的时候，利用这一调节器，把读数直接调节在标准缓冲溶液的 pH 值上，这样测未知溶液时，指针就直接指出溶液的 pH 值，省去计算手续。一般把前一步称为"校准"，后一步称为"测量"。一台已校准过的仪器在一定时间内可连续测量许多份未知液。如果电极还不十分稳定，则需经常校准。

（二）使用操作

1. 测 pH 值

功能开关置 pH 挡，接上（复合）电极（或 pH 玻璃电极、参比电极），用去离子水（或二次蒸馏水）清洗电极并用滤纸吸干，插入被测溶液中。调节温度补偿旋钮，使旋钮尖头所指的温度和被测溶液一致，仪器显示的即被测溶液的 pH 值。

2. 测离子浓度

功能开关置 mV 挡，接上相应的离子选择电极，参比电极，用去离子水（或二次蒸馏水）清洗电极并用滤纸吸干，插入被测溶液中，仪器显示的即该离子浓度时的电极电位（mV 值）并自动显示"＋"、"－"极性。

（三）注意事项

① 电极在测量前必须用已知 pH 值的标准缓冲溶液进行定位校正，而且其 pH 值越接近被测液的 pH 值越好。

② 电极输入插头保持高度清洁，并保证接触良好（有污迹时可用无水酒精擦净）。仪器不使用时请将选择电极插口保护帽套上。

③ 与仪器配套的有关电极取下保护帽后，注意不要与硬物接触，任何破损都会使电极失效。

④ 每测一个溶液之前，必须用蒸馏水冲洗电极，并用滤纸吸干上面的水珠，以免污染被测液，影响测量结果。

⑤ 被测溶液中如含有易污染敏感球泡或堵塞液接界的物质，使电极钝化时，应根据污染物的性质，以适当溶液清洗，使之复新。

（四）仪器标定

本仪器采用两点标定法：定位标定和斜率标定。当测量精度不高时也可用一点标定法，即只进行定位标定，此时斜率旋钮刻度置于 100%。

1. 定位标定

把用去离子水清洗干净的电极插入 pH＝6.86 的缓冲溶液中。调节温度补偿旋钮，使其指示的温度与溶液的温度相同，再调节定位旋钮，使仪器显示的 pH 值与该缓冲溶液在此温度下的 pH 值相同。

2. 斜率标定

把电极从 pH＝6.86 的缓冲溶液中取出，用去离子水清洗干净，把清洗干净的电极插入 pH＝4.00（或 pH＝9.18）缓冲溶液中。调节斜率旋钮，使其指示的 pH 值与该缓冲溶液在此温度下的 pH 值相同。标定即结束。

斜率标定采用标准缓冲溶液的原则是：与被测溶液的 pH 值接近。

第三部分 实验项目

实验一　常用玻璃仪器的洗涤与溶液配制

一、实验目的

1. 掌握固体试剂及液体试剂的取用、固体的溶解、液体转移等操作；移液管及容量瓶的使用方法。
2. 熟悉溶液配制的一般步骤，玻璃仪器的洗涤和干燥的方法。
3. 了解粗略配制和准确配制的差别。

二、实验原理

溶液浓度有几种不同的表示方法，要配制一定浓度的溶液，首先要弄清楚是配制哪种类型浓度的溶液，再根据所需配制溶液的浓度、所需配制溶液的量与溶质的量三者的关系，计算出溶质的量。如果求出的是溶质的质量，则用天平称取溶质；如果求出的是溶质的体积，则用量筒（移液管或吸量管）量取溶质的体积。最后加蒸馏水至所要求的溶液的质量或体积即可。

溶液的配制还包括了溶液的稀释：根据溶液稀释前后溶质的量不变，利用稀释公式（$c_1V_1 = c_2V_2$）计算出所需浓溶液的体积，然后用量筒（移液管或吸量管）量取一定体积的浓溶液，再加蒸馏水到需要配制的稀溶液的体积，混合均匀即可。

根据所配制溶液的浓度精度可选择简单配制和精确配制。浓度精度为 1.000 或高于 1.000 的需用精确配制，其他采用简单配制。精确配制的量器需选用分析天平和吸量管（或移液管），需在容量瓶中定容。简单配制的量器使用普通天平和量筒，在量筒中定容即可。

配制溶液的一般顺序是：计算、称量（或量取）所需溶质、溶解、转移、定容、摇匀。

三、实验仪器与试剂

仪器　烧杯（100mL），玻璃棒，量筒（100mL），容量瓶（100mL），试剂瓶，药匙，电子天平，试管刷，吸量管（10mL）。

试剂　氯化钠，体积分数为 95% 的乙醇，12.5000mol/L 的 $Na_2S_2O_3$ 溶液，蒸馏水。

四、实验内容

（1）洗涤常用的玻璃仪器。

（2）用市售的药用乙醇（$\varphi_B = 95\%$）配制 $\varphi_B = 75\%$ 的消毒乙醇 100mL。

① 计算需要用乙醇多少毫升。

② 用 100mL 量筒量取所需的药用乙醇。

③ 在量筒中加蒸馏水至溶液的总体积为 100mL。

④ 将量筒中的溶液摇匀。

⑤ 把配制的 100mL 溶液转入一洁净的试剂瓶中，并贴上标签。

（3）配制 100mL 生理盐水。

自行设计配制过程。

（4）用 12.5000mol/L $Na_2S_2O_3$ 溶液准确配制 100mL 1.0000mol/L $Na_2S_2O_3$ 溶液。

① 计算配制 100mL 1.0000mol/L $Na_2S_2O_3$ 溶液所需 12.5000mol/L $Na_2S_2O_3$ 溶液的体积。

② 用吸量管量取所需的 12.5000mol/L $Na_2S_2O_3$ 溶液。

③ 将量取的 $Na_2S_2O_3$ 溶液转移至 100mL 的容量瓶中。

④ 用玻璃棒引流加蒸馏水至容量瓶容积的 2/3，将容量瓶按水平方向旋摇几次，作初步混匀。

⑤ 继续加蒸馏水至离标线 1cm 左右时，改用胶头滴管，小心逐滴加水，直至溶液弯月面最低点与标线相切。

⑥ 盖紧瓶塞，用左手按压瓶塞，右手托住瓶底，将容量瓶倒转数次，并边倒转边摇动，使溶液充分混合均匀。

⑦ 把配制的 100mL 溶液转入一洁净的试剂瓶中，并贴上标签。

五、实验注意事项及说明

① 使用稀释公式时，溶液浓度的表示方法要相同，如果稀释前后溶液浓度的表示方法不一致，则要进行不同浓度表示方法之间的换算。

② 在配制溶液时，如果是粗略配制，量器可选用普通天平和量筒，并可用烧杯或量筒定容；如果对配制的溶液浓度要求很精确，量器需选用分析天平和吸量管（或移液管），定容必须采用容

量瓶。

③ 容量瓶在使用之前要检查其是否漏水，用蒸馏水洗涤以后待用。

④ 吸量管需用待取液体润洗 2～3 次才可使用。

⑤ 容量瓶中的液体稀释至 2/3 左右时，应按水平方向旋摇几次，作初步混匀，不能倒置容量瓶。

实验二　pH 计法测定醋酸的电离平衡常数

一、实验目的

1. 掌握 pH 计的使用方法。
2. 熟悉移液管、容量瓶的使用方法及酸碱滴定操作。
3. 了解测定醋酸电离常数的原理和方法。

二、实验原理

醋酸是一元弱酸，在水溶液中存在以下电离平衡：

$$HAc \rightleftharpoons H^+ + Ac^-$$

若 c 为 HAc 的起始浓度，$[H^+]$、$[Ac^-]$、$[HAc]$ 分别为平衡浓度，α 为电离度，K_a 为电离常数，则有：

$$\alpha = \frac{[H^+]}{c} \times 100\%$$

$$K_a = \frac{[H^+][Ac^-]}{[HAc]} = \frac{[H^+]^2}{c - [H^+]}$$

用 pH 计（使用方法参见第二部分"八、PHS-3C 型酸度计的使用方法"）测定醋酸溶液的 pH 值，计算出 $[H^+]$，就可以分别求出醋酸的电离度和电离常数。

三、实验仪器与试剂

（1）仪器　pH 酸度计，容量瓶（50mL），碱式滴定管（25mL），锥形瓶（250mL），烧杯（50mL），吸量管（5mL），移液管（10mL、25mL），洗耳球。

（2）试剂　0.100mol/L NaOH 溶液，待标定的醋酸溶液（约为0.1mol/L），酚酞指示剂。

四、实验内容

1. 测定醋酸溶液浓度

用 10mL 移液管，取欲标定的 0.1mol/L HAc 溶液 10.00mL，加到锥形瓶中。加入 2 滴酚酞指示剂，然后用 0.100mol/L NaOH 标准溶液滴定至淡红色，振动后不褪色为止。记录消耗 NaOH 标准溶液的体积，算出 HAc 的准确浓度。重复滴定三次，求 HAc 浓度的平均值。

2. 配制不同浓度的醋酸溶液

用移液管和吸量管分别取 25.00mL、5.00mL、2.50mL 测得准确浓度的 HAc 溶液，把它们分别加入三个 50mL 容量瓶中，再用蒸馏水稀释至刻度，摇匀，并计算出三个容量瓶中 HAc 溶液的准确浓度。

3. 校准 pH 计

用 pH 值为 6.86 和 4.00 的缓冲溶液对 pH 计进行标定。

4. 测定醋酸溶液的 pH，计算醋酸的电离度和电离平衡常数

把以上四种不同浓度的 HAc 溶液分别加入四只洁净干燥的50mL 烧杯中，按由稀到浓的顺序用 pH 计分别测定它们的 pH 值，记录数据和温度，计算电离度和电离平衡常数。

五、实验注意事项及说明

① 滴定管在使用之前要检查是否漏水。在装入滴定液之前，除了用洗液浸洗、自来水冲洗及蒸馏水荡洗之外，还需用少量滴定液润洗 2～3 次，以免滴定液的浓度被管内残留的水稀释而变小，最终引起实验误差。读数时，滴定管应保持垂直，管内的液面呈弯月形，读取弯月面最低处与刻度相切的那一点，读数至小数点后两位。

② 往锥形瓶中滴加氢氧化钠溶液，至溶液由无色转变为浅红色，且半分钟不褪色即为终点。溶液由无色转变为浅红色，说明溶液由酸性转化为弱碱性，氢氧化钠稍有过量，达到了滴定终点。可能半分钟后红色会褪去，是因为碱性的溶液吸收了空气中的二氧化碳，消耗掉了过量的氢氧化钠。因此，若溶液的颜色在半分钟后褪去，则不要再滴加氢氧化钠溶液，否则会产生误差。

③ 每测一个溶液之前，必须用蒸馏水冲洗电极，再用被测溶液清洗电极（或用滤纸吸干上面的水珠），然后将电极插入被测溶液中，摇动烧杯，使溶液均匀后读出溶液的 pH 值。

实验三　缓冲溶液的配制和性质

一、实验目的

1. 掌握移液管、容量瓶、酸度计的使用。
2. 熟悉缓冲溶液配制的原理和方法。
3. 了解缓冲溶液在医药上的用途。

二、实验原理

缓冲溶液常由一对共轭酸碱组成，其中的共轭酸充当抗碱成分而共轭碱则充当抗酸成分，因此当缓冲溶液中加入少量的强酸或强碱时，其 pH 值能保持基本不变。缓冲溶液的近似 pH 值可用下式计算：

$$pH = pK_a + lg \frac{[共轭碱]}{[共轭酸]}$$

如果所用共轭酸和共轭碱的浓度相同，则缓冲溶液的 pH 值计算公式可改写为：

$$pH = pK_a + lg \frac{V_{共轭碱}}{V_{共轭酸}}$$

这时，只要取不同体积的溶液，就可以配成不同 pH 值的缓冲溶液。

当用水稀释缓冲溶液时，缓冲比不变，所以缓冲溶液的 pH 值也基本保持不变。

缓冲容量是衡量缓冲溶液缓冲能力大小的尺度，它的大小与缓冲剂浓度、缓冲组分的比值（缓冲比）有关。缓冲剂总浓度越大，缓冲容量越大；当总浓度相同时，缓冲比为 1：1 时，缓冲容量最大。

三、实验仪器与试剂

（1）仪器　吸量管（10mL、5mL、1mL），量筒（10mL），刻度滴管，烧杯（50mL、100mL），pH 计，洗耳球，试管（10 支），电子天平，胶头滴管。

（2）试剂　蒸馏水、Na_2HPO_4（0.1mol/L、0.2mol/L），NaH_2PO_4（0.1mol/L、0.2mol/L），HCl（0.5mol/L）NaOH（0.5mol/L），酚酞。

四、实验内容

1. 缓冲溶液的配制

按表 3-1 中用量，用吸量管量取相应体积的 NaH_2PO_4 和 Na_2HPO_4 溶液于三个 50mL 烧杯中，配制成甲、乙、丙三种缓冲溶液。

表 3-1　缓冲溶液的配制

实验编号	试　剂	浓度/(mol/L)	用量/mL	总体积/mL	实测 pH 值
甲	NaH_2PO_4	0.2	10	20	
	Na_2HPO_4	0.2	10		
乙	NaH_2PO_4	0.1	5	10	
	Na_2HPO_4	0.1	5		
丙	NaH_2PO_4	0.1	1	10	
	Na_2HPO_4	0.1	9		

2. pH 计的校准

用 pH 值为 6.86 和 9.18 的缓冲溶液对 pH 计进行标定。

3. 测定缓冲溶液 pH 值

用 pH 计测定甲、乙、丙三种缓冲溶液的 pH 值。

4. 缓冲溶液的性质

（1）缓冲溶液的抗酸、抗碱、抗稀释作用　取 5 支西林瓶，按表 3-2 加入下列溶液，用 pH 计测定初始 pH 值。然后在西林瓶中各加入 0.5mol/L HCl 溶液或 NaOH 溶液 3 滴，再用 pH 计测定终止 pH 值。在编号 5 的西林瓶中加 6 滴 H_2O。按表 3-2 记录实验结果。

表 3-2　缓冲溶液的抗酸、抗碱、抗稀释作用

编　号	1	2	3	4	5
溶液	甲液 3.0mL	甲液 3.0mL	H_2O 3.0mL	H_2O 3.0mL	甲液 3.0mL
初始 pH 值					
加入试剂	0.5mol/L HCl 3 滴	0.5mol/L NaOH 3 滴	0.5mol/L HCl 3 滴	0.5mol/L NaOH 3 滴	H_2O 6 滴
终止 pH 值					
ΔpH					

（2）缓冲容量与缓冲比的关系　取两支西林瓶，一支加入缓冲溶液乙 2.0mL，另一支加入缓冲溶液丙 2.0mL，再在两支西林瓶中加入 1 滴酚酞，摇匀，观察颜色。再分别滴加 0.5mol/L NaOH，直至溶液的颜色变成浅红色，并半分钟内不褪色。记录所用 NaOH 滴数、现象，数据记入表 3-3。

表 3-3　缓冲容量与缓冲比的关系

编　号	加入体积/mL	加入酚酞后现象	加入 0.5mol/L NaOH 至变色的滴数
缓冲溶液乙	2.0		
缓冲溶液丙	2.0		

（3）缓冲容量与缓冲溶液总浓度 $c_{总}$ 的关系　取两支西林瓶，一支加入缓冲溶液甲 2.0mL，另一支加入缓冲溶液乙 2.0mL，再在两支西林瓶中加入 1 滴酚酞，摇匀，观察颜色。再分别滴加 0.5mol/L NaOH，直至溶液的颜色变成浅红色，并半分钟内不褪色。记录所用 NaOH 滴数、现象，数据记入表 3-4。

表 3-4　缓冲容量与缓冲溶液总浓度 $c_{总}$ 的关系

编　　号	加入体积/mL	加入酚酞后现象	加入 0.5mol/L NaOH 至变色的滴数
缓冲溶液甲	2.0		
缓冲溶液乙	2.0		

五、实验注意事项及说明

pH 计先定位（校准），按照说明书用标准缓冲溶液调整好，测定中不要再做调整。测定溶液时要注意摇动溶液，测定下一个溶液前要清洗电极，并用滤纸吸干电极上的水溶液。实验结束要将电极清洗干净并吸干水溶液，然后将电极插入饱和氯化钾溶液中。

实验四　电离平衡及沉淀-溶解平衡

一、实验目的

1. 掌握沉淀的生成、溶解和转化的条件；离心分离的操作方法。
2. 熟悉电离平衡和沉淀-溶解平衡的基本原理。

二、实验原理

1. 弱电解质的电离平衡

弱电解质在水溶液中只能部分电离，因此弱电解质的电离是个可逆的过程。在未电离的弱电解质分子与已电离生成的离子之间存在着电离平衡，如 $NH_3 \cdot H_2O$ 的电离。

$$NH_3 \cdot H_2O \Longrightarrow NH_4^+ + OH^-$$

当弱电解质的电离过程达到平衡时，改变外界的条件，可以使平衡发生移动，如同离子效应。

2. 难溶强电解质的沉淀-溶解平衡

难溶强电解质在水中的溶解是个复杂的过程。例如，在一定温度下，将固体 $AgCl$ 放入水中，一方面，由于水分子的作用，使少量的 Ag^+ 和 Cl^- 脱离 $AgCl$ 表面进入溶液的过程，称为溶解；另一方面，溶液中 Ag^+ 和 Cl^- 也在不停地运动，离子在运动过程中碰到 $AgCl$ 的表面，又重新回到固体表面上去的过程，称为沉淀。因此，难溶电解质在水溶液中，发生着沉淀-溶解的可逆过程。如

$$AgCl \Longrightarrow Ag^+ + Cl^-$$

当难溶强电解质沉淀-溶解的可逆过程达到平衡时，改变外界的条件，可以使平衡发生移动，如同离子效应。

对于难溶电解质溶液，可用溶度积规则判断沉淀的生成或溶解。当 $Q > K_{sp}$ 时，反应向生成沉淀的方向进行；当 $Q < K_{sp}$ 时，反应向沉淀溶解的方向进行。

三、实验仪器与试剂

（1）仪器　试管，离心试管，离心机，点滴板。

（2）试剂　氯化铵，0.2mol/L HCl 溶液，0.2mol/L HAc 溶液，0.2mol/L Na_2CO_3 溶液，0.2mol/L $NH_3 \cdot H_2O$ 溶液，0.2mol/L NaOH 溶液，0.2mol/L KI 溶液，0.1mol/L $Pb(NO_3)_2$ 溶液，1mol/L NaCl 溶液，0.5mol/L K_2CrO_4 溶液，0.1mol/L $BaCl_2$ 溶液，6mol/L HCl 溶液，0.1mol/L $AgNO_3$ 溶液，6mol/L $NH_3 \cdot H_2O$ 溶液，饱和 $(NH_4)_2C_2O_4$ 溶液，饱和 PbI_2 溶液，酚酞指示剂，蒸馏水，pH 试纸。

四、实验内容

1. 溶液近似 pH 值的测定

取 pH 试纸 5 小片放入洁净点滴板的孔内，每孔一片。分别滴入 1 滴 0.2mol/L HCl 溶液、0.2mol/L HAc 溶液、0.2mol/L NaOH 溶液、0.2mol/L $NH_3 \cdot H_2O$ 溶液和蒸馏水。根据比色卡的颜色，记录各试剂的近似 pH 值。

2. 酸与碳酸盐的反应

取两支洁净的试管，分别加入 1mL 0.2mol/L HCl 溶液和 1mL 0.2mol/L HAc 溶液，再加入 0.2mol/L Na_2CO_3 溶液，观察现象，

指出区别，并说明原因。

3. 弱电解质电离平衡的同离子效应

取 1mL 0.2mol/L $NH_3 \cdot H_2O$ 溶液，加入 2 滴酚酞指示剂，观察溶液的颜色，再加入氯化铵固体少许，观察溶液颜色的变化，解释上述现象。

4. 沉淀-溶解平衡的同离子效应

取一支洁净的试管，加入饱和 PbI_2 溶液 1mL，再滴加 0.2mol/L KI 溶液 4 滴，振荡试管，观察现象，说明原因。

5. 沉淀的转化

取一支洁净的离心试管，加入 10 滴 0.1mol/L $Pb(NO_3)_2$ 溶液，再加 5 滴 1mol/L NaCl 溶液，振荡试管，待沉淀完全后，离心分离。在沉淀中加入少许 0.5mol/L K_2CrO_4 溶液，观察现象，说明原因。

6. 沉淀的溶解

（1）取一支洁净的离心试管，加入 5 滴 0.1mol/L $BaCl_2$ 溶液和 3 滴饱和 $(NH_4)_2C_2O_4$ 溶液，观察现象。离心分离，弃去上层清液，往沉淀中加入 6mol/L HCl 溶液，观察现象，写出反应方程式，说明原因。

（2）取一支洁净的离心试管，加入 5 滴 0.1mol/L $AgNO_3$ 溶液和 2 滴 1mol/L NaCl 溶液，观察现象。离心分离，弃去上层清液，往沉淀中加入 6mol/L $NH_3 \cdot H_2O$ 溶液，观察沉淀是否会消失，说明原因。

五、实验注意事项及说明

使用离心机进行离心操作时，应注意试管要对称地放入离心机的孔内，防止离心机中因质量分布不均匀而在高速运转时产生危险。如果只有一支试管需要离心操作，也要另取一支试管，加入相同量的水，以达到对称的目的。离心机中一般有 12 个孔，为了对称，一次只能放入 2 支、3 支、4 支、6 支、8 支、10 支、12 支离心试管。

实验五　药用 NaCl 的制备及杂质的限度检查

一、实验目的

1. 掌握药用氯化钠的制备原理和方法。
2. 熟悉称量、溶解、沉淀、过滤、蒸发、浓缩等基本操作。
3. 了解药品的质量检查方法。

二、实验原理

药用氯化钠是以粗食盐为原料进行提纯而制得的。粗食盐中通常含有不溶性杂质和可溶性杂质，不溶性杂质主要是泥沙，可溶性杂质主要是 K^+、Ca^{2+}、Mg^{2+}、Fe^{3+}、SO_4^{2-}、Br^-、I^- 等，除去这些杂质，即可制得药用氯化钠。除去杂质方法如下。

① 不溶性杂质用过滤方法除去。

② 可溶性杂质中的 Ca^{2+}、Mg^{2+}、SO_4^{2-} 用化学方法除去。具体方法是：SO_4^{2-} 用 $BaCl_2$ 除去；Ca^{2+}、Mg^{2+} 及过量的 Ba^{2+} 用 Na_2CO_3 和 $NaOH$ 除去；过量的 OH^- 和 CO_3^{2-} 用 HCl 除去。

③ 可溶性杂质中的 K^+、Br^-、I^- 等因含量少，且溶解度又很大，可在浓缩结晶时使其残留在母液中而与氯化钠分离。

对产品杂质的限度检查，是根据沉淀反应原理，样品管和标准管在相同条件下进行比浊试验，样品管不得比标准管更深。

三、实验仪器与试剂

（1）仪器　电子天平，烧杯（100mL），量筒（50mL），玻璃漏斗，蒸发皿，酒精灯，石棉网，铁架台，铁圈，玻璃棒，滴管，抽滤装置，药匙，pH 试纸，滤纸，试管。

（2）试剂　粗食盐，1mol/L $BaCl_2$，2mol/L HCl，2mol/L NaOH 溶液，饱和 Na_2CO_3 溶液，溴麝香草酚蓝指示剂，0.02mol/L NaOH，0.02mol/L HCl，1mol/L H_2SO_4，6mol/L $NH_3 \cdot H_2O$，0.25mol/L $(NH_4)_2C_2O_4$。

四、实验内容

1. 药用 NaCl 的制备

（1）溶解粗食盐　在电子天平上称取 10g 粗食盐，放入 100mL 小烧杯中，加 30mL 蒸馏水，边加热边搅拌，使其溶解。

（2）除 SO_4^{2-} 和不溶性杂质　加热至沸腾，在搅拌下逐滴加入 1mol/L $BaCl_2$ 溶液至沉淀完全。为了检查沉淀是否完全，停止加热，待沉淀沉降后，吸取少量上层清液于试管中，加 6 滴 2mol/L HCl 酸化，再加几滴 1mol/L $BaCl_2$ 溶液，振荡试管，观察是否有浑浊产生，如无浑浊，表示 SO_4^{2-} 已除尽，如有浑浊，表示 SO_4^{2-} 尚未除尽，需再加 $BaCl_2$ 溶液直至所取清液经检查再无浑浊为止。继续加热 5min，使 $BaSO_4$ 颗粒长大而便于常压过滤，用小烧杯接液，弃去沉淀。

（3）除去 Ca^{2+}、Mg^{2+} 及过量的 Ba^{2+}　加热滤液至沸腾，在搅拌下逐滴加入饱和 Na_2CO_3 溶液至不再有沉淀生成，再滴加 2mol/L NaOH 溶液，使 pH＝10～11。加热至沸腾，使沉淀完全。停止加热，待沉淀沉降后，检测 Ba^{2+} 是否除尽。具体方法是：吸取少量上层清液于试管中，加几滴 1mol/L H_2SO_4 溶液，振荡试管，观察是否有浑浊现象，如无浑浊，表示 Ba^{2+} 已除尽，如仍有浑浊，表示 Ba^{2+} 尚未除尽，需再加饱和 Na_2CO_3 溶液直至所取清液经检查再无浑浊为止。常压过滤，用小烧杯接液，弃去沉淀。

（4）除去过量的 OH^- 和 CO_3^{2-}　往滤液中滴加 2mol/L HCl 溶液，调节滤液 pH＝3～4。

（5）将调节好 pH 值的滤液倒入蒸发皿中，小火加热蒸发，并不断搅拌，浓缩至糊状为止，趁热抽滤至干。

（6）将滤得的 NaCl 晶体加适量蒸馏水，不断搅拌至完全溶解，将溶液转移到蒸发皿中，加热，蒸发浓缩，趁热抽滤，尽量抽干。把晶体转移到干燥蒸发皿中，置于石棉网上，用小火慢慢烘干，冷却，称重，计算产率。

2. 杂质的限度检查

（1）溶液的澄清度　取产品 1.0g，加蒸馏水 25mL 溶解后，溶液应澄清。

（2）酸碱度　取产品 1.0g，加蒸馏水 50mL 溶解，加 2 滴溴麝香草酚蓝指示剂，如显黄色，加 0.02mol/L NaOH 溶液 2 滴，应变为蓝色；如显蓝色或绿色，加 0.02mol/L HCl 溶液 2 滴，应变为黄色。

（3）钡盐　取产品 2.0g，加蒸馏水 10mL 溶解后，分为两等份，一份中加 1mol/L H_2SO_4 溶液 1mL，另一份中加蒸馏水 1mL，静置 15min，两液应同样澄清。

（4）钙盐　取产品 2.0g，加蒸馏水 10mL 溶解后，加 6mol/L $NH_3 \cdot H_2O$ 1mL，摇匀，加 0.25mol/L $(NH_4)_2C_2O_4$ 溶液 1mL，5min 内不得发生浑浊。

五、实验注意事项及说明

① 蒸发时，氯化钠溶液不能蒸干，否则可溶性杂质无法分离出去。

② 用大火烘干氯化钠晶体会造成氯化钠晶体溅出，因此氯化钠晶体必须用小火慢慢烘干。

③ 药用 NaCl 杂质的限度检查，需要从澄清度、酸碱度、碘化物、溴化物、钡盐、钙盐、镁盐、硫酸盐、铁盐、钾盐和重金属等方面进行检查，本实验只选做了 4 个方面。

④ NaCl 为强酸强碱盐，其水溶液应呈中性，但在制备过程中可能夹杂少量的酸和碱，所以药典把它限制在很小范围。溴麝香草酚蓝指示剂的变色范围是 pH＝6.0～7.6，颜色由黄色到蓝色。

实验六 EDTA 溶液的配制和标定

一、实验目的

1. 掌握 EDTA 标准溶液的配制和标定方法。

2. 熟悉络合滴定的原理，钙指示剂和二甲酚橙指示剂的使用及其终点的变化。

3. 了解络合滴定的特点。

二、实验原理

乙二胺四乙酸（简称 EDTA，常用 H_4Y 表示）难溶于水，常温下其溶解度为 0.2g/L，在分析中不适用，通常使用其二钠盐配制标准溶液。乙二胺四乙酸二钠盐的溶解度为 120g/L，可配成 0.3mol/L 以上的溶液，其水溶液 pH＝4.8，通常采用间接法配制标准溶液。标定 EDTA 溶液常用的基准物有 Zn、ZnO、$CaCO_3$、Bi、Cu、$MgSO_4 \cdot 7H_2O$、Hg、Ni、Pb 等。通常选用其中与被测组分相同的物质作基准物，这样滴定条件较一致。

EDTA 溶液若用于测定石灰石或白云石中 CaO、MgO 的含量，则宜用 $CaCO_3$ 为基准物。首先可加 HCl 溶液与之作用，其反应如下：

$$CaCO_3 + 2HCl \mathrel{=\!=} CaCl_2 + H_2O + CO_2 \uparrow$$

然后把溶液转移到容量瓶中并稀释，制成钙标准溶液。吸取一定量钙标准溶液，调节酸度至 pH≥12，用钙指示剂（常以 H_3Ind 表示）作指示剂以 EDTA 进行滴定，至溶液从酒红色变为纯蓝色，即为终点。其变色原理如下：

$$H_3Ind \Longrightarrow 2H^+ + HInd^{2-}$$

在 pH$\geqslant$12 溶液中，HInd^{2-}与 Ca^{2+}形成比较稳定的络离子：

$$CaInd^- + H_2Y^{2-} \Longrightarrow CaY^{2-} + HInd^{2-} + H^+$$

酒红色　　　　　　　　　　　纯蓝色

用此法测定钙，若 Mg^{2+}共存〔在调节溶液酸度为 pH$\geqslant$12 时，Mg^{2+}将形成 Mg(OH)$_2$沉淀〕，此共存的少量 Mg^{2+}不仅不干扰钙的测定，而且会使终点比 Ca^{2+}单独存在时更敏锐。当 Ca^{2+}、Mg^{2+}共存时，终点由酒红色变到纯蓝色，当 Ca^{2+}单独存在时则由酒红色变紫蓝色，所以测定单独存在的 Ca^{2+}时，常常加入少量 Mg^{2+}溶液。

EDTA 若用于测定 Pb^{2+}、Bi^{3+}，则宜以 ZnO 或金属锌为基准物，以二甲酚橙为指示剂。在 pH=5~6 的溶液中，二甲酚橙为指示剂本身显黄色，与 Zn^{2+}的络合物呈紫红色。EDTA 与 Zn^{2+}形成更稳定的络合物，因此用 EDTA 溶液滴定至近终点时，二甲酚橙被游离出来，溶液由紫红色变成黄色。

络合滴定中所用的蒸馏水，应不含 Fe^{3+}、Al^{3+}、Cu^{2+}、Ca^{2+}、Mg^{2+}等杂质离子。

三、实验仪器与试剂

（1）仪器　酸式滴定管（50.00mL），分析天平，电子天平，量筒，大小烧杯（500mL、250mL），锥形瓶 250mL，移液管（25.00mL），容量瓶（250mL）、表面皿等。

（2）试剂　乙二胺四乙酸二钠，CaCO$_3$，ZnO，氨水（1∶1），镁溶液（溶解 1g MgSO$_4$·7H$_2$O 于水中，稀释至 200mL），NaOH 溶液（10%溶液），钙指示剂（固体指示剂），二甲酚橙指示剂（0.2%水溶液）、20%六亚甲基四胺，50%（体积分数）HCl 溶液，6mol/L HCl 溶液。

四、实验内容

1. 0.02mol/L EDTA 溶液的配制

在电子天平上称取乙二胺四乙酸二钠 7.6g，溶解于 300～400mL 温水中，稀释至 1L，如混浊，应过滤，转移至 1000mL 细口瓶中，摇匀，贴上标签，注明试剂名称、配制日期、配制人。

2. 以 $CaCO_3$ 为基准物标定 EDTA 溶液

（1）0.02mol/L 钙标准溶液的配制　置碳酸钙基准物于烧杯中，在 110℃干燥 2h，冷却后，准确称取 0.2～0.25g 碳酸钙于 250mL 烧杯中，盖上表面皿，加水润湿，再从杯嘴边逐滴加入数毫升 50%（体积分数）HCl 溶液，使之全部溶解。加水 50mL，微沸几分钟以除去 CO_2。待冷却后转移至 250mL 容量瓶中，稀释至刻度，摇匀，贴上标签，注明试剂名称、配制日期、配制人。

（2）用钙标准溶液标定 EDTA 溶液　用移液管移取 25.00mL 标准钙溶液于 250mL 锥形瓶中，加入约 25mL 水，2mL 镁溶液，10mL10% NaOH 溶液及约 10mg（米粒大小）钙指示剂，摇匀后，用 EDTA 溶液滴定至溶液从红色变为蓝色，即为终点。

3. 以 ZnO 为基准物标定 EDTA 溶液

（1）锌标准溶液的配制　准确称取在 800～1000℃灼烧（需 20min 以上）过的基准物 ZnO 0.5～0.6g 于 100mL 烧杯中，用少量水润湿，然后逐滴加入 6mol/L HCl 溶液，边加边搅至完全溶解为止，然后，定量转移入 250mL 容量瓶中，稀释至刻度并摇匀，贴上标签，注明试剂名称、配制日期、配制人。

（2）用锌标准溶液标定 EDTA 溶液　移取 25.00mL 锌标准溶液

于 250mL 锥形瓶中，加约 30mL 水，2～3 滴二甲酚橙指示剂，先加 1：1 氨水至溶液由黄色刚变为橙色，然后滴加 20％六亚甲基四胺至溶液呈稳定的紫红色再多加 3mL，用 EDTA 溶液滴定至溶液由紫红色变成亮黄色，即为终点。

五、实验注意事项及说明

① $CaCO_3$ 粉末加入 HCl 溶解时，必须盖上表面皿。溶液必须在微沸的状态下除去 CO_2。

② 选择合适的基准物质标定 EDTA，取决于 EDTA 将要滴定的对象。

③ 锌粒溶解速度比较慢，需要大约 30min，所以需要提前溶解。

实验七　胃舒平药片中铝和镁的测定

一、实验目的

1. 掌握沉淀分离的操作方法。
2. 熟悉用返滴定法测定铝的方法。
3. 了解药剂测定的前处理方法。

二、实验原理

　　胃舒平主要成分为氢氧化铝、三硅酸铝及少量中药颠茄流浸膏，在制成片剂时还加了大量糊精等赋形剂。药片中 Al 和 Mg 的含量可用 EDTA 配位滴定法测定。

　　首先溶解样品，分离除去不溶于水的物质，然后取滤液加入过量的 EDTA 溶液，调节 pH 至 4 左右，煮沸使 EDTA 与 Al^{3+} 配位完全，再以二甲酚橙为指示剂，用 Zn^{2+} 标准溶液返滴过量的 EDTA，测出 Al^{3+} 含量。另取滤液，调节 pH 将 Al^{3+} 沉淀分离后在 pH 为 10 的条件下以铬黑 T 作指示剂，用 EDTA 标准溶液滴定滤液中的 Mg^{2+}。

三、实验仪器与试剂

　　(1) 仪器　电子天平，研钵，大小量筒 (10mL、20mL、100mL)，漏斗，250mL 烧杯，250mL 容量瓶，大小吸量管 (5mL、25mL)，250mL 锥形瓶等。

　　(2) 试剂　固体 NH_4Cl，0.02mol/L EDTA 标准溶液，0.02mol/L Zn^{2+} 标准溶液，20％六亚甲基四胺，1∶2 的三乙醇胺，1∶1 氨水，

1：1 HCl 溶液，甲基红指示剂，铬黑 T 指示剂，二甲酚橙指示剂（0.2％水溶液），pH＝10 的 NH_3-NH_4Cl 缓冲溶液。

四、实验内容

1. 样品处理

称取胃舒平药片 10 片，研细后从中称出药粉 2g 左右，加入 20mL 1：1 HCl 溶液，加蒸馏水 100mL，煮沸，冷却后过滤，并以水洗涤沉淀，收集滤液及洗涤液于 250mL 容量瓶中，稀释至刻度，摇匀。

2. 铝的测定

准确吸取上述试液 5.00mL，加水至 25mL 左右，滴加 1：1 氨水至刚出现浑浊，再加 1：1 HCl 溶液至沉淀恰好溶解，准确加入 EDTA 标准溶液 25.00mL，再加入 10mL 六亚甲基四胺溶液，煮沸 10min 并冷却后，加入二甲酚橙指示剂 2～3 滴，以 Zn^{2+} 标准溶液滴定至溶液由黄色变为红色，即为终点。根据 EDTA 加入量与 Zn^{2+} 标准溶液滴定体积，计算每片药片中 $Al(OH)_3$ 的质量分数。

3. 镁的测定

吸取上述试液 25.00mL，滴加 1：1 氨水至刚出现沉淀，再加 1：1 HCl 溶液至沉淀恰好溶解，加入 2g 固体 NH_4Cl，滴加六亚甲基四胺溶液至沉淀出现并过量 15mL，加热至 80℃，维持 10～15min，冷却后过滤，以少量蒸馏水洗涤沉淀数次，收集滤液与洗涤液于 250mL 锥形瓶中，加入三乙醇胺溶液 10mL、NH_3-NH_4Cl 缓冲溶液 10mL 及甲基红指示剂 1 滴、铬黑 T 指示剂少许，用 EDTA 标准溶液滴定至试液由暗红色转变为蓝绿色，即为终点。计算每片药片中 Mg 的质量分数（以 MgO 表示）。

五、实验注意事项及说明

① 为使测定结果具有代表性，应取较多样品，研细后再取部分进行分析。

② 测定镁时加入甲基红 1 滴可使终点更为敏锐。

③ 用六亚甲基四胺溶液调节溶液的 pH 值分离 $Al(OH)_3$ 比用氨水好，可以减少 $Al(OH)_3$ 的吸附。

实验八　葡萄糖酸锌的制备及锌含量的测定

一、实验目的

1. 掌握锌盐含量的测定方法。
2. 熟悉称量、水浴加热、过滤、浓缩、结晶、滴定等基本操作。
3. 了解葡萄糖酸锌的制备方法。

二、实验原理

葡萄糖酸锌可通过葡萄糖酸钙与等物质的量的硫酸锌反应来制备，反应式如下：

$$Ca(C_6H_{11}O_7)_2 + ZnSO_4 \!\!=\!\!\!= Zn(C_6H_{11}O_7)_2 + CaSO_4 \downarrow$$

生成的 $CaSO_4$ 沉淀可过滤除去，葡萄糖酸锌易溶于水而不溶于乙醇，可使之在乙醇中结晶析出。

锌含量采用络合滴定法测定。具体方法是用 EDTA 滴定，用铬黑 T 指示滴定终点，样品中锌含量的计算方法如下：

$$锌含量(\%) = \frac{c_{EDTA}V_{EDTA} \times 65}{W_s \times 1000} \times 100\%$$

式中，c_{EDTA} 为 EDTA 标准溶液的浓度，mol/L；V_{EDTA} 为消耗 EDTA 标准溶液的体积，mL；W_s 为样品的质量，g。

三、实验仪器与试剂

（1）仪器　电子天平，锥形瓶（100mL），烧杯（150mL），蒸发皿，量筒（50mL），玻璃棒，抽滤装置，药匙，石棉网，水浴锅，铁架台，温度计（100℃），滤纸，酸式滴定管（25mL）。

（2）试剂　葡萄糖酸钙（固），$ZnSO_4 \cdot 7H_2O$（固），95％乙醇，NH_3-NH_4Cl 缓冲溶液，铬黑 T 指示剂，0.1mol/LEDTA 标准溶液。

四、实验内容

1. 葡萄糖酸锌的制备

（1）制备葡萄糖酸锌　称取 3.4g $ZnSO_4 \cdot 7H_2O$ 和 5.0g 葡萄糖酸钙，备用。量取 40mL 蒸馏水于 150mL 烧杯中，在水浴中加热至 80～90℃，将称量好的 $ZnSO_4 \cdot 7H_2O$ 倒入其中，使之完全溶解，保持 90℃恒温水浴，逐渐加入称量好的葡萄糖酸钙，不断搅拌，在 90℃水浴中保温 20min 后趁热抽滤，将滤液转移至蒸发皿中，在沸水浴上浓缩至原体积的 1/2（如浓缩液有沉淀，需过滤掉）。滤液转移至烧杯并冷至室温，加 95％乙醇溶液 30mL，并不断搅拌，会有大量的胶状葡萄糖酸锌析出。充分搅拌后，用倾析法除去乙醇液，再往沉淀上加 95％乙醇溶液 30mL，充分搅拌，沉淀慢慢转变为晶体状，抽滤至干，即得粗葡萄糖酸锌晶体。

（2）提纯　将粗葡萄糖酸锌晶体放入小烧杯中，加水 10mL，加热溶解、趁热抽滤，滤液转移到蒸发皿中，冷却至室温，往滤液中加入 95％乙醇溶液 20mL，充分搅拌，晶体析出后，抽滤至干，即得纯葡萄糖酸锌晶体。

（3）晾干晶体，称重，计算产率。

2. 锌含量的测定

用天平准确称取 0.8g 自制的葡萄糖酸锌，溶于 20mL 蒸馏水中，加 10mL NH_3-NH_4Cl 缓冲溶液，加铬黑 T 指示剂 4 滴，用 0.1mol/L EDTA 标准溶液滴定至溶液呈蓝色。记下消耗的 EDTA 体积，测定两次。

五、实验注意事项及说明

① 加入葡萄糖酸钙时，应分批少量，有助于葡萄糖酸钙尽可能转变为葡萄糖酸锌。

② 制备葡萄糖酸锌时，为了使反应充分，溶液必须在90℃水浴中保温20min。

③ 本实验成败的关键在于搅拌，在葡萄糖酸锌的结晶过程中必须充分搅拌。

实验九　牛奶酸度和钙含量的测定

一、实验目的

1. 掌握络合滴定的原理及方法。
2. 熟悉牛奶酸度和钙含量的检测方法及其表示。
3. 了解指示剂的使用及其终点的判断。

二、实验原理

牛奶是一种复杂的胶体混合物，是不透明的液体。牛奶里含有蛋白质、乳糖、钙等物质。钙是人体内的一种微量元素，它与身体健康息息相关。钙能维持调节机体内许多生理生化过程，调节递质释放，增加内分泌腺的分泌，维持细胞膜的完整性和通透性，促进细胞的再生，增加机体抵抗力。缺钙可导致儿童佝偻病，青少年发育迟缓，孕妇高血压，老年人的骨质疏松症。补钙越来越被人们所重视，因此，钙含量是乳品中常规营养分析必须检测的质量指标。当消毒的牛奶中含有发酵剂乳酸菌时，乳酸菌就会在适宜的温度（30～40℃）中，大量生长繁殖，将牛奶中的乳糖分解成乳酸。乳酸把牛奶中酪蛋白钙离子夺走，这样一来，酪蛋白化合物就变得不稳定了，随着乳酸的酸度不断增加，牛奶的性质逐渐发生了变化，当乳酸的 pH 值为 4.6 时，酪蛋白就开始沉淀，凝结成酸牛奶，对钙的含量产生影响。通过测定牛奶的酸度即可确定牛乳的新鲜程度，同时可反映出乳质的实际状况。

牛奶酸度的测定一般采用滴定法。但是应用此法时，检验人员对所用溶液的浓度、用量、滴定速度和滴定终点判断等很难控制，因此在一定程度上影响了测量结果的准确性。因此，目前许多国家用酸度计法测鲜乳的 pH 值来反映乳品的酸度，在国内也已应用到奶粉的酸度测定中，结果表明此法是准确的。

测定牛奶中的钙采取配位滴定法，用乙二胺四乙酸二钠盐（EDTA）溶液滴定牛奶中的钙。用 EDTA 测定钙，一般在 pH＝12～13 的碱性溶液中，以钙试剂（络蓝黑 R）为指示剂，计量点前钙与钙试剂形成粉红色配合物，当用 EDTA 溶液滴定至计量点时，游离出指示剂，溶液呈现蓝色。滴定若有 Fe^{3+}、Al^{3+} 干扰时，用三乙醇胺掩蔽。

$$Ca^{2+} + In^{2-} \Longrightarrow CaIn（粉红色）$$
$$Ca^{2+} + Y^{2-} \Longrightarrow CaY（无色）$$
$$CaIn + Y^{2-} \Longrightarrow CaY + In^{2-}（蓝色）$$

三、实验仪器与试剂

（1）仪器　移液管（25mL），锥形瓶（250mL），滴定管（50mL），烧杯（100mL），量筒（100mL），PHS-25 型酸度计。

（2）试剂　EDTA 标准溶液（0.02mol/L），NaOH（20%），钙指示剂，蒸馏水，牛奶，三乙醇胺。

四、实验内容

1. 牛奶酸度的测定

（1）pH 计的校正　按照 pH 计的使用说明用标准缓冲溶液 pH＝6.86 校正，蒸馏水洗净电极，擦干备用。

（2）测量　用被测牛奶溶液冲洗电极，并插入待测牛奶溶液中，测定 pH 值，读数，测定三次。

2. 钙含量的测定

准确移取牛奶试样 25.00mL 于 250mL 锥形瓶中，加入蒸馏水 30mL，2mL 20% NaOH 溶液，摇匀，再加入 2～3 滴钙指示剂及三乙醇胺掩蔽剂，用标准 EDTA 滴定至溶液由粉红色至明显纯蓝色，即为终点，平行测定三次，计算牛奶中的含钙量，以每升牛奶含钙的毫克数表示。

$$\rho_{Ca}(\text{mg/L}) = \frac{(cV)_{EDTA}M_{Ca} \times 10^3}{V_{牛奶}}$$

五、实验注意事项及说明

① pH 计使用前需对其进行校正。
② 滴定过程中注意 pH 值的控制。

实验十　设计型实验

一、实验目的

1. 培养学生查阅参考资料的能力、学生独立思考及动手能力。
2. 运用所学知识及参考资料写出实验方案设计。

二、实验课题

① 药用稀氨溶液质量浓度的测定。
② 碳酸氢钠注射液质量分数的测定。
③ 高锰酸钾外用片中高锰酸钾质量分数的测定。
④ 氯化钾注射液质量浓度的测定。
⑤ 葡萄糖酸钙注射液质量浓度的测定。
⑥ 复方碘口服溶液中碘和碘化钾质量浓度的测定。

三、实验要求

（1）学生在以上课题中任选一个，根据选题查阅参考资料，设计实验方案，交教师审阅同意后，按所设计的实验方案进行实验。实验结束后，按实验的实际操作写出实验报告。

（2）实验设计方案应包括下列内容：

① 分析方法及简单原理；
② 所需滴定剂、指示剂及其他试剂；
③ 所需实验仪器；
④ 具体实验步骤；

⑤ 实验结果的计算公式；

⑥ 实验中应注意的事项；

⑦ 主要参考资料。

四、实验提示

① 首先选定分析方法及滴定方式。

② 液体试样中待测组分的大致浓度和溶液酸度都是未知的，由学生自己经预试后决定如何处理。固体试样由指导教师告知来源及大致含量，学生自己考虑如何取用试样。

③ 要考虑如何排除实验中的干扰因素。

④ 试剂及指示剂主要利用实验室已有的，如需其他试剂，应事先报告指导教师。

⑤ 在满足实验准确度要求的前提下，要尽量节约试剂及试样。

附　录

附录一　常用酸碱溶液的密度和浓度

溶液名称	化学式	密度(20℃)/(g/mL)	质量分数/%	物质的量浓度/(mol/L)
浓硫酸	H_2SO_4	1.84	95～96	18
稀硫酸	H_2SO_4	1.18	25	3
稀硫酸	H_2SO_4	1.06	9	1
浓盐酸	HCl	1.19	38	12
稀盐酸	HCl	1.10	20	6
稀盐酸	HCl	1.03	7	2
浓硝酸	HNO_3	1.40	65	14
稀硝酸	HNO_3	1.20	32	6
稀硝酸	HNO_3	1.07	12	2
稀高氯酸	$HClO_4$	1.12	19	2
浓氢氟酸	HF	1.13	40	23
氢溴酸	HBr	1.38	40	7
氢碘酸	HI	1.70	57	7.5
冰醋酸	CH_3COOH	1.05	99～100	17.5
稀醋酸	CH_3COOH	1.04	35	6
稀醋酸	CH_3COOH	1.02	12	2

溶液名称	化学式	密度(20℃)/(g/mL)	质量分数/%	物质的量浓度/(mol/L)
浓氢氧化钠	NaOH	1.36	33	11
稀氢氧化钠	NaOH	1.09	8	2
浓氨水	$NH_3 \cdot H_2O$	0.88	35	18
浓氨水	$NH_3 \cdot H_2O$	0.91	25	13.5
稀氨水	$NH_3 \cdot H_2O$	0.96	11	6
稀氨水	$NH_3 \cdot H_2O$	0.99	3.5	2

附录二 常用酸碱指示剂的变色 范围及配制方法

名　称	变色 pH 范围	颜色变化	配制方法
百里酚蓝	1.2~2.8	红~黄	0.1g 溶于 100mL 20％乙醇
甲基橙	3.1~4.4	红~黄	0.1g 溶于 100mL 水
溴酚蓝	3.0~4.6	黄~紫蓝	0.1g 溶于 100mL 20％乙醇
溴甲酚绿	3.6~5.2	黄~蓝	0.1g 溶于 2.8mL0.05mol/L NaOH 中,再加水稀释至 200mL
甲基红	4.4~6.2	红~黄	0.1g 溶于 7.4mL0.05mol/L NaOH 中,再加水稀释至 200mL
对硝基酚	5.0~7.4	无~黄	0.2g 溶于 100mL 水
石蕊	4.5~8.0	红~蓝	0.2g 溶于 100mL 95％乙醇
溴麝香草酚蓝	6.0~7.6	黄~蓝	0.1g 溶于 3.2mL0.05mol/L NaOH 中,再加水稀释至 200mL
中性红	6.8~8.0	红~黄橙	0.1g 溶于 100mL 60％乙醇
酚酞	8.2~10.0	无~红	0.1 溶于 60mL 乙醇中,再加水稀释至 100mL
百里酚酞	9.3~10.5	无~蓝	0.1g 溶于 100mL 乙醇
茜素黄	10.1~12.0	黄~紫	0.1g 溶于 100mL 水
溴甲酚绿-甲基橙 混合指示剂	pH<4.3 pH>4.3	橙 蓝绿	1 体积 0.1％溴甲酚绿水溶液 与 1 体积 0.02％甲基橙水溶液 混合

附录三　一些酸和碱在水中的电离常数

弱电解质名称及化学式	温度/℃	分级电离	K_a(或 K_b)	pK_a(或 pK_b)
硼酸 H_3BO_3	20	1	7.3×10^{-10}	9.14
氢氰酸 HCN	25		4.93×10^{-10}	9.31
碳酸 H_2CO_3	25	1	4.3×10^{-7}	6.37
	25	2	5.61×10^{-11}	10.25
次氯酸 HClO	18		2.95×10^{-8}	7.53
氢氟酸 HF	25		3.53×10^{-4}	3.45
亚硝酸 HNO_2	12.5		4.6×10^{-4}	3.34
碘酸 HIO_3	25		1.69×10^{-1}	0.77
次碘酸 HIO	25		2.3×10^{-11}	10.64
亚硝酸 HNO_2	25		7.1×10^{-4}	3.16
过氧化氢 H_2O_2	25		2.4×10^{-12}	11.62
磷酸 H_3PO_4	25	1	7.52×10^{-3}	2.12
	25	2	6.23×10^{-8}	7.21
	18	3	2.2×10^{-13}	12.67
硫化氢 H_2S	18	1	9.1×10^{-8}	7.04
	18	2	1.1×10^{-12}	11.96
亚硫酸 H_2SO_3	18	1	1.54×10^{-12}	1.81
	18	2	1.02×10^{-7}	6.991
草酸 $H_2C_2O_4$	25	1	5.90×10^{-2}	1.23
	25	2	6.40×10^{-5}	4.19
醋酸 CH_3COOH	25		1.76×10^{-5}	4.75
氨水 $NH_3 \cdot H_2O$	25		1.77×10^{-5}	4.75

附录四 常见难溶电解质的溶度积常数（298K）

难溶电解质	化学式	溶度积 K_{sp}
溴化银	AgBr	5.35×10^{-13}
氯化银	AgCl	1.77×10^{-10}
碘化银	AgI	8.51×10^{-17}
氢氧化银	AgOH	1.52×10^{-18}
硫化银	Ag_2S	6.30×10^{-50}
氢氧化铝	$Al(OH)_3$（无定形）	4.60×10^{-33}
氢氧化铝	$Al(OH)_3$	2.00×10^{-33}
碳酸钡	$BaCO_3$	2.58×10^{-9}
硫酸钡	$BaSO_4$	1.07×10^{-10}
碳酸钙	$CaCO_3$	4.96×10^{-9}
氟化钙	CaF_2	1.46×10^{-10}
磷酸钙	$Ca_3(PO_4)_2$	2.07×10^{-33}
硫酸钙	$CaSO_4$	7.10×10^{-5}
氢氧化铜	$Cu(OH)_2$	2.20×10^{-20}
硫化铜	CuS	1.27×10^{-36}
氢氧化亚铁	$Fe(OH)_2$	4.87×10^{-17}
氢氧化铁	$Fe(OH)_3$	2.64×10^{-39}
硫化亚铁	FeS	1.59×10^{-19}
碳酸镁	$MgCO_3$	6.28×10^{-6}
氢氧化镁	$Mg(OH)_2$	5.61×10^{-12}
碳酸铅	$PbCO_3$	1.46×10^{-13}
氢氧化铅	$Pb(OH)_2$	1.42×10^{-20}
硫化铅	PbS	9.04×10^{-29}
硫酸铅	$PbSO_4$	1.82×10^{-8}
氢氧化亚锡	$Sn(OH)_2$	5.45×10^{-27}
硫化亚锡	SnS	3.25×10^{-28}
碳酸锌	$ZnCO_3$	1.19×10^{-10}
氢氧化锌	$Zn(OH)_2$	1.20×10^{-17}
硫化锌	ZnS	2.93×10^{-25}

附录五　常见配离子的稳定常数（298K）

配离子	$K_{稳}$	$\lg K_{稳}$
$[NaY]^{3-}$	5.0×10^1	1.69
$[AgY]^{3-}$	2.0×10^7	7.30
$[CuY]^{2-}$	6.8×10^{18}	18.79
$[MgY]^{2-}$	4.9×10^8	8.69
$[CaY]^{2-}$	3.7×10^{10}	10.56
$[BaY]^{2-}$	6.0×10^7	7.77
$[ZnY]^{2-}$	3.1×10^{16}	16.49
$[CdY]^{2-}$	3.8×10^{16}	16.57
$[HgY]^{2-}$	6.3×10^{21}	21.79
$[PbY]^{2-}$	1.0×10^{18}	18.00
$[MnY]^{2-}$	1.0×10^{14}	14.00
$[FeY]^{2-}$	2.1×10^{14}	14.32
$[FeY]^{-}$	1.7×10^{24}	24.23
$[CoY]^{-}$	1.6×10^{16}	16.20
$[NiY]^{-}$	4.1×10^{18}	18.61
$[CoY]^{-}$	1.0×10^{36}	36.00
$[Ag(CN)_2]^{-}$	1.3×10^{21}	21.1
$[Ag(NH_3)_2]^{+}$	1.7×10^7	7.24
$[Ag(SCN)_2]^{-}$	3.7×10^7	7.57
$[Ag(S_2O_3)_2]^{3-}$	2.9×10^{13}	13.46
$[Cu(NH_3)_4]^{2+}$	2.1×10^{13}	13.32
$[Fe(CN)_6]^{3-}$	1.0×10^{42}	42
$[Fe(CN)_6]^{4-}$	1.0×10^{35}	35
$[Zn(CN)_4]^{2-}$	5.0×10^{16}	16.7
$[Zn(NH_3)_4]^{2+}$	2.9×10^9	9.46

附录六　标准电极电势（298K）

（一）酸性溶液

电 极 反 应	$\varphi^{\ominus}/V$
$Al^{3+}+3e^-\rightleftharpoons Al$	-1.662
$Ag^++e^-\rightleftharpoons Ag$	$+0.7996$
$AgCl+e^-\rightleftharpoons Ag+Cl^-$	$+0.222$
$AgBr+e^-\rightleftharpoons Ag+Br^-$	$+0.0713$
$AgI+e^-\rightleftharpoons Ag+I^-$	-0.152
$HAsO_2+3H^++3e^-\rightleftharpoons As+2H_2O$	$+0.248$
$H_3AsO_4+2H^++2e^-\rightleftharpoons HAsO_2+2H_2O$	$+0.560$
$NaBiO_3+6H^++2e^-\rightleftharpoons Bi^{3+}+Na^++3H_2O$	$+1.8$
$Br_2(液体)+2e^-\rightleftharpoons 2Br^-$	$+1.066$
$BrO_3^-+6H^++6e^-\rightleftharpoons Br^-+3H_2O$	$+1.423$
$2BrO_3^-+12H^++10e^-\rightleftharpoons Br_2+3H_2O$	$+1.482$
$CO_2+2H^++2e^-\rightleftharpoons H_2C_2O_4$	-0.49
$Ca^{2+}+2e^-\rightleftharpoons Ca$	-2.868
$Cl_2(气体)+2e^-\rightleftharpoons 2Cl^-$	$+1.358$
$ClO_4^-+2H^++2e^-\rightleftharpoons ClO_3^-+H_2O$	$+1.189$
$ClO_3^-+6H^++6e^-\rightleftharpoons Cl^-+3H_2O$	$+1.451$
$ClO_3^-+6H^++5e^-\rightleftharpoons 1/2Cl_2+3H_2O$	$+1.47$
$Co^{3+}+e^-\rightleftharpoons Co^{2+}$	$+1.83$
$Co^{2+}+2e^-\rightleftharpoons Co$	-0.28
$Cr^{3+}+3e^-\rightleftharpoons Cr$	-0.744
$Cr_2O_7^{2-}+14H^++6e^-\rightleftharpoons 2Cr^{3+}+7H_2O$	$+1.232$
$Cu^{2+}+2e^-\rightleftharpoons Cu$	$+0.153$
$Cu^{2+}+e^-\rightleftharpoons Cu^+$	$+0.342$
$Cu^++e^-\rightleftharpoons Cu$	$+0.522$

电 极 反 应	$\varphi^{\ominus}/V$
$Fe^{2+}+2e^-\Longleftrightarrow Fe$	-0.447
$Fe^{3+}+e^-\Longleftrightarrow Fe^{2+}$	$+0.771$
$2H^++2e^-\Longleftrightarrow H_2$	$+0.0000$
$Hg^{2+}+2e^-\Longleftrightarrow Hg_2^{2+}$	$+0.920$
$Hg_2^{2+}+2e^-\Longleftrightarrow 2Hg$	$+0.797$
$Hg^{2+}+2e^-\Longleftrightarrow 2Hg$	$+0.851$
$Hg_2Cl_2+2e^-\Longleftrightarrow 2Hg+2Cl^-$	$+0.2681$
$I_2+2e^-\Longleftrightarrow 2I^-$	$+0.5355$
$2IO_3^-+12H^++10e^-\Longleftrightarrow I_2+6H_2O$	$+1.195$
$K^++e^-\Longleftrightarrow K$	-2.931
$Li^++e^-\Longleftrightarrow Li$	-3.040
$Mg^{2+}+2e^-\Longleftrightarrow Mg$	-2.372
$Mn^{2+}+2e^-\Longleftrightarrow Mn$	-1.185
$MnO_2+4H^++2e^-\Longleftrightarrow Mn^{2+}+2H_2O$	$+1.224$
$MnO_4^-+8H^++5e^-\Longleftrightarrow Mn^{2+}+4H_2O$	$+1.507$
$MnO_4^-+4H^++3e^-\Longleftrightarrow MnO_2+2H_2O$	$+1.679$
$NO_3^-+4H^++3e^-\Longleftrightarrow NO+2H_2O$	$+0.957$
$NO_3^-+2H^++e^-\Longleftrightarrow NO_2+H_2O$	$+0.80$
$NO_3^-+3H^++2e^-\Longleftrightarrow HNO_2+H_2O$	$+0.934$
$HNO_2+H^++e^-\Longleftrightarrow NO+H_2O$	$+0.983$
$Ni^{2+}+2e^-\Longleftrightarrow Ni$	-0.23
$O_2+4H^++4e^-\Longleftrightarrow 2H_2O$	$+1.229$
$O_2+2H^++2e^-\Longleftrightarrow H_2O_2$	$+0.695$
$H_2O_2+2H^++2e^-\Longleftrightarrow 2H_2O$	$+1.776$
$H_3PO_4+2H^++2e^-\Longleftrightarrow H_3PO_3+H_2O$	-0.276
$Pb^{2+}+2e^-\Longleftrightarrow Pb$	-0.126
$PbO_2+4H^++2e^-\Longleftrightarrow Pb^2+2H_2O$	$+1.455$
$PbO_2+SO_4^{2-}+4H^++2e^-\Longleftrightarrow PbSO_4+2H_2O$	$+1.691$
$H_2SO_3+4H^++4e^-\Longleftrightarrow S+3H_2O$	$+0.449$

续表

电 极 反 应	$\varphi^{\ominus}/\mathrm{V}$
$S+2H^++2e^- \rightleftharpoons H_2S(\text{水溶液},aq)$	$+0.142$
$SO_4^{2-}+4H^++2e^- \rightleftharpoons H_2SO_3+H_2O$	$+0.172$
$S_2O_6^{2-}+2e^- \rightleftharpoons 2S_2O_3^{2-}$	$+0.08$
$S_2O_8^{2-}+2e^- \rightleftharpoons 2SO_4^{2-}$	$+2.010$
$Sn^{4+}+2e^- \rightleftharpoons Sn^{2+}$	$+0.151$
$Sn^{2+}+2e^- \rightleftharpoons Sn$	-0.138
$Zn^{2+}+2e^- \rightleftharpoons Zn$	-0.7618

（二）碱性溶液

电极反应式	$\varphi^{\ominus}/\mathrm{V}$
$H_2AlO_3^-+H_2O+3e^- \rightleftharpoons Al+4OH^-$	-2.33
$Ag(NH_3)_2^++e^- \rightleftharpoons Ag+2NH_3$	$+0.373$
$Ag_2S+2e^- \rightleftharpoons 2Ag+S^{2-}$	-0.691
$AsO_2^-+2H_2O+3e^- \rightleftharpoons As+4OH^-$	-0.68
$AsO_4^{3-}+2H_2O+2e^- \rightleftharpoons AsO_2^-+4OH^-$	-0.71
$BrO_3^-+3H_2O+6e^- \rightleftharpoons Br^-+6OH^-$	$+0.61$
$BrO^-+H_2O+2e^- \rightleftharpoons Br^-+2OH^-$	$+0.761$
$ClO_4^-+H_2O+2e^- \rightleftharpoons ClO_3^-+2OH^-$	$+0.17$
$ClO_3^-+3H_2O+6e^- \rightleftharpoons Cl^-+6OH^-$	$+0.62$
$ClO^-+H_2O+2e^- \rightleftharpoons Cl^-+2OH^-$	$+0.81$
$Co(OH)_2+2e^- \rightleftharpoons Co+2OH^-$	-0.73
$[Co(NH_3)_6]^{3+}+e^- \rightleftharpoons [Co(NH_3)_6]^{2+}$	$+0.108$
$Cr(OH)_3+3e^- \rightleftharpoons Cr+3OH^-$	-1.48
$CrO_2^-+2H_2O+3e^- \rightleftharpoons Cr+4OH^-$	-1.2
$CrO_4^{2-}+4H_2O+3e^- \rightleftharpoons Cr(OH)_3+5OH^-$	-0.13
$CrO_4^{2-}+2H_2O+3e^- \rightleftharpoons CrO_2^-+4OH^-$	-0.12
$Cu_2O+H_2O+2e^- \rightleftharpoons 2Cu+2OH^-$	-0.360
$Fe(OH)_3+e^- \rightleftharpoons Fe(OH)_2+OH^-$	-0.56
$2H_2O+2e^- \rightleftharpoons H_2+2OH^-$	-0.8277

电极反应式	$\varphi^{\ominus}/V$
$HgO+H_2O+2e^- \rightleftharpoons Hg+2OH^-$	$+0.0977$
$IO_3^-+3H_2O+6e^- \rightleftharpoons I^-+6OH^-$	$+0.26$
$IO^-+H_2O+2e^- \rightleftharpoons I^-+2OH^-$	$+0.485$
$Mg(OH)_2+2e^- \rightleftharpoons Mg+2OH^-$	-2.690
$Mn(OH)_2+2e^- \rightleftharpoons Mn+2OH^-$	-1.56
$MnO_4^-+2H_2O+3e^- \rightleftharpoons MnO_2+4OH^-$	$+0.595$
$MnO_4^{2-}+2H_2O+2e^- \rightleftharpoons MnO_2+4OH^-$	$+0.60$
$NO_3^-+H_2O+2e^- \rightleftharpoons NO_2^-+2OH^-$	$+0.01$
$O_2+2H_2O+4e^- \rightleftharpoons 4OH^-$	$+0.401$
$S+2e^- \rightleftharpoons S^{2-}$	-0.476
$SO_4^{2-}+H_2O+2e^- \rightleftharpoons SO_3^{2-}+2OH^-$	-0.93
$2SO_3^{2-}+3H_2O+4e^- \rightleftharpoons S_2O_3^{2-}+6OH^-$	-0.571
$Sn(OH)_6^{2-}+2e^- \rightleftharpoons HSnO_2^-+3OH^-+H_2O$	-0.93
$HSnO_2^-+H_2O+2e^- \rightleftharpoons Sn+3OH^-$	-0.909
$Zn(NH_3)_4^{2+}+2e^- \rightleftharpoons Zn+2NH_3$	-1.04

附录七　我国通用试剂分类及标志

级别	中文名称	英文缩写名	标签颜色	主要用途
一级	优级纯	G. R.	绿色	精密分析实验
二级	分析纯	A. R.	红色	一般分析实验
三级	化学纯	C. P.	蓝色	一般化学实验
四级	实验纯	L. R.	浅绿色	实验中辅助试剂
生物化学试剂	生化试剂	B. R.	咖啡色	生物化学及医用化学实验
	生物染色剂		玫红色	

参 考 文 献

[1] 曾明，周建波，胡小建．化学实验教程．北京：北京大学医学出版社，2014．

[2] 马汝海．基础化学实验．北京：科学出版社，2011．

[3] 张林娜．无机化学实验．北京：中国医药科技出版社，2007．

[4] 吴玮琳．基础化学实验技能．郑州：河南科学技术出版社，2007．

[5] 张杰，李淑艳，吴山．医学化学实验技术．北京：北京大学医学出版社，2006．

[6] 天津大学无机化学教研室．无机化学实验．北京：高等教育出版社，2012．

[7] 王宝玲，杨树．无机化学实验．北京：科学出版社，2014．

[8] 王新芳．无机化学实验．北京：化学工业出版社，2014．

[9] 王莉莉．酸度计法测定牛奶的酸度．预防医学文献信息，2000，2：195

[10] 李玉珍等．EDTA络合滴定法测定不同品质牛奶中钙含量．山西大同大学学报（自然科学版），
    2011，27（1）：42-44．

实验一　常用玻璃仪器的洗涤与溶液配制

预 习 报 告

一、实验原理

1. 写出物质的量浓度、体积分数、质量浓度的数学表达式。

2. 写出稀释公式。

3. 说明简单配制和精确配制的区别。

二、计算配制各溶液所需溶质或浓溶液的量

1. 用市售的药用乙醇（$\varphi_B = 95\%$）配制 $\varphi_B = 75\%$ 的消毒乙醇 100mL。

2. 配制 100mL 生理盐水。写出配制过程。

3. 用 12.5000mol/L $Na_2S_2O_3$ 溶液准确配制 100mL1.0000mol/L $Na_2S_2O_3$ 溶液。

预习报告检查教师签名_____

实验一　常用玻璃仪器的洗涤与溶液配制

实 验 报 告

一、实验步骤（用流程图形式写出溶液配制过程）

1. 洗涤常用的玻璃仪器。
2. 用市售的药用乙醇（$\varphi_B = 95\%$）配制 $\varphi_B = 75\%$ 的消毒乙醇 100mL。

3. 配制 100mL 生理盐水。

4. 用 12.5000mol/L $Na_2S_2O_3$ 溶液准确配制 100mL 1.0000mol/L $Na_2S_2O_3$ 溶液。

二、思考题

1. 能否在量筒、容量瓶中直接溶解固体试剂？为什么？

2. 移液管洗净后还须用待吸取液润洗，容量瓶也需要吗？为什么？

实验报告批阅教师签名_____

实验二 pH 计法测定醋酸的电离平衡常数

预 习 报 告

一、实验原理

1. 醋酸是一元弱酸，在水溶液中存在电离平衡：＿＿＿＿＿＿＿＿＿＿＿＿＿＿＿＿＿＿＿；
若 c 为 HAc 的起始浓度，$[H^+]$、$[Ac^-]$、$[HAc]$ 分别为平衡浓度，则电离度、电离常数的表达式为＿＿＿＿＿＿＿＿＿＿＿＿＿，＿＿＿＿＿＿＿＿＿＿＿＿＿＿＿＿。

2. pH 计在使用前必须进行标定，本实验室 pH 计采用两点标定法：＿＿＿＿＿＿＿＿＿和＿＿＿＿＿＿＿＿＿。定位标定时，把用蒸馏水清洗干净的电极插入 pH 值为＿＿＿＿＿＿＿＿＿的缓冲溶液中。调节温度补偿旋钮，使其指示的温度与溶液的温度相同，再调节定位旋钮，使仪器显示的 pH 值与该缓冲溶液在此温度下的 pH 值相同。斜率标定时，把用蒸馏水清洗干净的电极插入 pH 值为＿＿＿＿＿＿＿＿＿或＿＿＿＿＿＿＿＿＿的缓冲溶液中（采用标准缓冲溶液的原则是，与被测溶液的 pH 值接近）。调节温度补偿旋钮，使其指示的 pH 值与该缓冲溶液在此温度下的 pH 值相同。标定即结束。

二、实验步骤

1. 测定醋酸溶液浓度
用 10mL 移液管，取欲标定的 0.1mol/L HAc 溶液＿＿＿＿＿＿＿＿＿，加到＿＿＿＿＿＿＿＿＿中。加入 2 滴＿＿＿＿＿＿＿＿＿指示剂，然后用 0.100mol/L＿＿＿＿＿＿＿＿＿标准溶液滴定至＿＿＿＿＿＿＿＿＿，振动后不褪色为止。记录消耗 NaOH 标准溶液的体积，重复滴定＿＿＿＿＿＿＿＿＿次。

2. 配制不同浓度的醋酸溶液
用移液管和吸量管分别取＿＿＿＿＿＿＿＿＿、＿＿＿＿＿＿＿＿＿、＿＿＿＿＿＿＿＿＿测得准确浓度的 HAc 溶液，把它们分别加入三个＿＿＿＿＿＿＿＿＿容量瓶中，再用蒸馏水稀释至刻度，摇匀。

3. pH 计的校准
先用 pH 值为＿＿＿＿＿＿＿＿＿的缓冲溶液进行定位标定，再用 pH 值为＿＿＿＿＿＿＿＿＿的缓冲溶液进行斜率标定。每次标定前，电极需用＿＿＿＿＿＿＿＿＿清洗干净，并用滤纸吸干水珠。

4. 测定醋酸溶液的 pH，计算醋酸的电离度和电离平衡常数
把以上四种不同浓度的 HAc 溶液分别加入四只洁净干燥的 50mL 烧杯中，按＿＿＿＿＿＿＿＿＿的顺序用 pH 计分别测定它们的 pH 值。

三、注意事项

预习报告检查教师签名＿＿＿＿＿＿＿＿＿＿＿＿＿＿＿＿＿

实验二　pH 计法测定醋酸的电离平衡常数

实 验 报 告

一、数据记录与结果处理

1. 测定醋酸溶液浓度

滴定序号		Ⅰ	Ⅱ	Ⅲ
NaOH 溶液的浓度/(mol/L)			0.100mol/L	
HAc 溶液的用量/mL			10.00mL	
NaOH 溶液的用量/mL				
HAc 溶液的浓度 /(mol/L)	测定值			
	平均值			

2. 测定醋酸溶液的 pH 值，计算醋酸的电离度和电离平衡常数

溶液编号	c/(mol/L)	pH 值	c_{H^+}/(mol/L)	α	电离平衡常数 K	
					测定值	平均值
1						
2						
3						
4						

原始数据检查教师签名＿＿＿＿＿＿＿＿＿＿＿

二、分析讨论

查出相应温度下 HAc 的电离常数，计算相对误差，分析误差产生原因。

$$相对误差 = \frac{测定值 - 真实值}{真实值} \times 100\%$$

三、思考题

1. 改变醋酸溶液的浓度或温度，电离度或电离常数是否有变化？若有变化？怎样变？

2. 测定 pH 值时，为什么要按照浓度由稀到浓的顺序进行？

实验报告批阅教师签名＿＿＿＿＿＿＿＿

5

实验三　缓冲溶液的配制和性质

预习报告

一、实验原理

1. 计算按表 3-1 数据配制的甲、乙、丙三种缓冲溶液的 pH 值。

甲：

乙：

丙：

2. 缓冲容量是_____。影响缓冲容量的因素主要有_____和_____，总浓度_____，缓冲容量越大；当总浓度相同时，缓冲比为_____时，缓冲容量最大。据此，上述甲、乙、丙三种缓冲溶液中缓冲容量最大的是_____。

二、实验步骤

1. 缓冲溶液的配制

按_____的数据配制甲、乙、丙三种缓冲溶液。

2. pH 计的校准

先用 pH 值为_____的缓冲溶液进行定位标定，再用 pH 值为_____的缓冲溶液进行斜率标定。每次标定前，电极需用_____清洗干净，并用滤纸吸干水珠。

3. 测定缓冲溶液 pH 值

用 pH 计测定_____三种缓冲溶液的 pH 值。

4. 缓冲溶液的性质

(1) 缓冲溶液的抗酸、抗碱、抗稀释作用　取 5 支_____，按_____的数据加入各溶液，用 pH 计测定各液体的_____。然后在 1 号和 3 号西林瓶中各加入_____3 滴，在 2 号和 4 号西林瓶中各加入_____3 滴，在 5 号西林瓶中加入 6 滴 H_2O。再用 pH 计测定各溶液的_____。

（2）缓冲容量与缓冲比的关系　取 2 支_____，1 支加入缓冲溶液乙_____，另一支加入缓冲溶液_____ 2.0mL，再在 2 支西林瓶中加入_____酚酞，摇匀，观察颜色。再分别滴加_____，直至溶液的颜色变成浅红色，并_____不褪色。记录所用 NaOH_____。

（3）缓冲容量与缓冲溶液总浓度 $c_总$ 的关系　取 2 支_____，1 支加入缓冲溶液甲_____，另一支加入缓冲溶液_____ 2.0mL，再在 2 支西林瓶中加入_____酚酞，摇匀，观察颜色。再分别滴加_____，直至溶液的颜色变成_____，并半分钟内_____。记录所用 NaOH_____。

三、注意事项

实验三 缓冲溶液的配制和性质

实 验 报 告

一、数据记录与结果处理

1. 缓冲溶液的配制

实验编号	试剂	浓度/(mol/L)	用量/mL	总体积/mL	实测 pH 值
甲	NaH_2PO_4	0.2	10	20	
	Na_2HPO_4	0.2	10		
乙	NaH_2PO_4	0.1	5	10	
	Na_2HPO_4	0.1	5		
丙	NaH_2PO_4	0.1	1	10	
	Na_2HPO_4	0.1	9		

2. 缓冲溶液的性质

(1) 缓冲溶液的抗酸、抗碱、抗稀释作用

编号	1	2	3	4	5
溶液	甲液 3.0mL	甲液 3.0mL	H_2O 3.0mL	H_2O 3.0mL	甲液 3.0mL
初始 pH 值					
加入试剂	0.5mol/L HCl 3滴	0.5mol/L NaOH 3滴	0.5mol/L HCl 3滴	0.5mol/L NaOH 3滴	H_2O 6滴
终止 pH 值					
ΔpH					

结论及解释：

原始数据检查教师签名_____

8

（2）缓冲容量与缓冲比的关系

编号	加入体积/mL	加入酚酞后现象	加入 0.5mol/L NaOH 至变色的滴数
缓冲溶液乙	2.0		
缓冲溶液丙	2.0		

结论及解释：

（3）缓冲容量与缓冲溶液总浓度 $c_{总}$ 的关系

编号	加入体积/mL	加入酚酞后现象	加入 0.5mol/L NaOH 至变色的滴数
缓冲溶液甲	2.0		
缓冲溶液乙	2.0		

结论及解释：

二、思考题

1. 配制的缓冲溶液，其 pH 计算值与实测值不同，这是由哪些因素造成的？

2. 缓冲溶液缓冲容量取决于哪些因素？

实验四　电离平衡及沉淀-溶解平衡

预 习 报 告

一、实验原理

1. 什么叫同离子效应?

2. 简述溶度积规则。

二、注意事项

实验四 电离平衡及沉淀-溶解平衡

实 验 报 告

一、实验结果及分析

1. 溶液近似 pH 值的测定

溶液	0.2mol/L HCl	0.2mol/L HAc	0.2mol/L NaOH	0.2mol/L NH₃·H₂O	蒸馏水
理论 pH 值					
实测 pH 值					

2. 实验现象及解释

实验内容	实验现象	解释或反应方程式
酸与碳酸盐的反应		
弱电解质电离平衡的同离子效应		
沉淀-溶解平衡的同离子效应		
沉淀的转化		
沉淀的溶解（1）		
沉淀的溶解（2）		

原始数据检查教师签名＿＿＿＿＿＿＿＿＿

二、思考题

1. 利用化学平衡移动的原理分析同离子效应。

2. 说明沉淀溶解、转化的条件。

实验五　药用 NaCl 的制备及杂质的限度检查

预 习 报 告

一、实验原理

1. 简述药用 NaCl 的制备原理（写出相应除杂的化学反应式）。

2. 简述杂质的限度检查原理（写出相应的化学反应式）。

二、药用 NaCl 的制备步骤（用流程图表示）

三、注意事项

实验五　药用 NaCl 的制备及杂质的限度检查

实 验 报 告

一、实验结果

1. 药用 NaCl 的制备

产品外观：

产品质量：

产率：

2. 杂质的限度检查

（1）溶液的澄清度

现象：

结论：

（2）酸碱度

现象：

结论：

（3）钡盐

现象：

结论：

（4）钙盐

现象：

结论：

原始数据检查教师签名_____

二、分析讨论

三、思考题

1. 在药用氯化钠的制备过程中，是否可先除去 Ca^{2+}、Mg^{2+}，再除 SO_4^{2-}？

2. 为什么不能用重结晶法提纯氯化钠？

实验六　EDTA 溶液的配制和标定

预 习 报 告

一、实验原理

1. 以 $CaCO_3$ 为基准物标定 EDTA 溶液的原理（写出 EDTA 浓度计算公式）。

2. 以 ZnO 为基准物标定 EDTA 溶液的原理（写出 EDTA 浓度计算公式）。

二、操作步骤

1. 以 $CaCO_3$ 为基准物标定 EDTA 溶液的步骤（用流程图表示）。

2. 以 ZnO 为基准物标定 EDTA 溶液的步骤（用流程图表示）。

三、注意事项

预习报告检查教师签名＿＿＿＿＿＿＿＿

实验六 EDTA 溶液的配制和标定

实 验 报 告

一、实验数据及结果处理

1. 以 $CaCO_3$ 为基准物标定 EDTA 溶液浓度

$CaCO_3$ 的质量：

样品号	1	2	3
$CaCO_3$ 基准物溶液体积			
V_{EDTA}/mL			
$c_{EDTA}/(mol/L)$			
c_{EDTA} 平均值/(mol/L)			

分析讨论：

2. 以 ZnO 为基准物标定 EDTA 溶液浓度

ZnO 的质量：

样品号	1	2	3
ZnO 基准物溶液体积			
V_{EDTA}/mL			
$c_{EDTA}/(mol/L)$			
c_{EDTA} 平均值/(mol/L)			

分析讨论：

原始数据检查教师签名＿＿＿＿＿＿＿＿＿＿

二、思考题

1. 为什么通常使用乙二胺四乙酸二钠盐配制 EDTA 标准溶液，而不用乙二胺四乙酸？

2. 以 HCl 溶液溶解 $CaCO_3$ 基准物时，操作中应注意些什么？

3. 以 $CaCO_3$ 为基准物标定 EDTA 溶液时，加入镁溶液的目的是什么？

4. 为什么要使用两种指示剂分别标定？

实验报告批阅教师签名＿＿＿＿＿＿＿＿＿

实验七　胃舒平药片中铝和镁的测定

预习报告

一、实验原理

1. 铝含量的测定原理。

2. 镁含量的测定原理。

二、操作步骤

1. 铝含量的测定步骤（用流程图表示）。

2. 镁含量的测定步骤（用流程图表示）。

三、注意事项

实验七 胃舒平药片中铝和镁的测定

实 验 报 告

一、实验数据及结果处理

1. 铝的测定

项目 ＼ 次数	1	2	3
药片质量/g			
药粉质量/g			
样品溶液体积/mL			
Zn^{2+} 标准溶液体积/mL			
$Al(OH)_3$ 质量分数/%			
$Al(OH)_3$ 平均值质量分数/%			

分析讨论：

2. 镁的测定

项目 ＼ 次数	1	2	3
药片质量/g			
药粉质量/g			
样品溶液体积/mL			
EDTA 标准溶液体积/mL			
MgO 质量分数/%			
MgO 平均值质量分数/%			

分析讨论：

原始数据检查教师签名＿＿＿＿＿＿＿＿＿＿＿＿＿

二、思考题

1. 本实验为什么要称取大样后，再分取部分试液进行滴定？

2. 能否采用 F^- 掩蔽 Al^{3+}，而直接测定 Mg^{2+} 含量？

3. 在分离铝后的滤液中测定镁，为什么要加三乙醇胺？

实验报告批阅教师签名_____

21

实验八　葡萄糖酸锌的制备及锌含量的测定

预 习 报 告

一、实验原理

1. 葡萄糖酸锌的制备原理。

2. 锌含量的测定原理。

二、操作步骤

1. 葡萄糖酸锌的制备步骤（用流程图表示制备过程）。

2. 锌含量的测定步骤。

三、注意事项

实验八　葡萄糖酸锌的制备及锌含量的测定

实 验 报 告

一、实验数据及结果处理

1. 葡萄糖酸锌的制备

产品外观：

产品质量：

产　率：

分析讨论：

2. 锌含量的测定

实验序号	W_s/g	$c_{EDTA}/(mol/L)$	V_{EDTA}/mL	锌含量/%
1				
2				

分析讨论：

原始数据检查教师签名＿＿＿＿＿＿＿＿＿

23

二、思考题

1. 在制备葡萄糖酸锌的过程中，$CaSO_4$ 是用什么方法除去的？

2. 在制备葡萄糖酸锌的过程中，加入乙醇的目的是什么？

3. 在锌含量的测定中为什么要用 NH_3-NH_4Cl 缓冲溶液？

实验九 牛奶酸度和钙含量的测定

预 习 报 告

一、实验原理

二、操作步骤

1. 牛奶酸度的测定（流程图）

2. 钙含量的测定（流程图）

三、注意事项

预习报告检查教师签名＿＿＿＿＿＿＿

实验九　牛奶酸度和钙含量的测定

实 验 报 告

一、实验过程及数据处理

1. 牛奶酸度的测定

项目 ＼ 序号	1	2	3
pH 值			
平均值			

2. Ca 含量的测定

项目 ＼ 序号	1	2	3
V_{EDTA}/mL			
$V_{牛奶试样}/mL$			
$\rho_{Ca}/(mg/L)$			
$\overline{\rho}_{Ca}/(mg/L)$			

原始数据检查教师签名＿＿＿＿＿＿＿＿＿＿

二、思考题

1. 试比较滴定法与 pH 计法测定牛奶酸度的优缺点。

2. 除了用 EDTA 络合滴定，还有别的什么方法测定 Ca 含量吗？

实验十　设计型实验

预 习 报 告

实验选题：_____

一、实验原理

二、实验仪器与试剂

三、实验步骤

四、实验注意事项

五、参考资料

实验十　设计型实验

实 验 报 告

一、实验数据及处理

数据记录：

数据处理：

原始数据检查教师签名_____

二、实验小结

三、实验中存在的问题及解决办法

ISBN 978-7-122-30238-0

9 787122 302380 >

定价：26.00元